新农村建设百问系列丛书

生猪健康养殖技术100问

殷裕斌　李　鹏　吴力专　等　编著

中国农业出版社

新农村建设百问系列丛书

编　委　会

编著者：殷裕斌　李鹏　吴力专　汪招雄

让更多的果实“结”在田间地头

（代序）

长江大学校长　谢红星

众所周知，建设社会主义新农村是我国现代化进程中的重大历史任务。新农村建设对高等教育有着广泛且深刻的需求，作为科技创新的生力军、人才培养的摇篮，高校肩负着为社会服务的职责，而促进新农村建设是高校社会职能中一项艰巨而重大的职能。因此，促进新农村建设，高校责无旁贷，长江大学责无旁贷。

事实上，科技服务新农村建设是长江大学的优良传统。一直以来，长江大学都十分注重将科技成果带到田间地头，促进农业和产业的发展，带动农民致富。如黄鳝养殖关键技术的研究与推广、魔芋软腐病的防治，等等；同时，长江大学也在服务新农村建设中，发现和了解到农村、农民最真实的需求，进而找到研究项目和研究课题，更有针对性地开展研究。学校曾被科技部授予全国科技扶贫先进集体，被湖北省人民政府授予农业产业化先进单位，被评为湖北省高校为地方经济建设服务先进单位。

2012 年，为进一步推进高校服务新农村建设，教育部和科技部启动了高等学校新农村发展研究院建设计划，旨在通过开展新农村发展研究院建设，大力推进校地、校所、校企、校农间的深度合作，探索建立以高校为依托、农科教相结合的综合服务模式，切实提高高等学校服务区域新农村建设的能力和水平。

2013年，长江大学经湖北省教育厅批准成立新农村发展研究院。两年多来，新农村发展研究院坚定不移地以服务新农村建设为己任，围绕重点任务，发挥综合优势，突出农科特色，坚持开展农业科技推广、宏观战略研究和社会建设三个方面的服务，探索建立了以大学为依托、农科教相结合的新型综合服务模式。

两年间，新农村发展研究院积极参与华中农业高新技术产业开发区建设，在太湖管理区征购土地1 907亩，规划建设长江大学农业科技创新园；启动了49个服务“三农”项目，建立了17个多形式的新农村建设服务基地，教会农业土专家63人，培养研究生32人，服务学生实习1 200人次；在农业技术培训上，依托农学院农业部创新人才培训基地，开办了6期培训班，共培训1 500人，农业技术专家实地指导120人次；开展新农村建设宏观战略研究5项，组织教师参加湖北电视台垄上频道、荆州电视台江汉风开展科技讲座6次；提供政策与法律咨询500人次，组织社会工作专业的师生开展丰富多彩的小组活动10次，关注、帮扶太湖留守儿童200人；组织医学院专家开展义务医疗服务30人次；组织大型科技文化行活动，100名师生在太湖桃花村举办了“太湖美”文艺演出并开展了集中科技咨询服务活动。尤其是在这些服务活动中，师生都是“自带干粮，上门服务”，赢得一致好评。

此次编撰的新农村建设百问系列丛书，是16个站点负责人和项目负责人在服务新农村实践中收集到的相关问题，并对这些问题给予的回答。这套丛书融知识性、资料性、实用性为一体，应该说是长江大学助力新农村建设的又一作为、又一成果。

我们深知，在社会主义新农村建设的伟大实践中，有许多重大的理论、政策问题需要研究，既有宏观问题，又有微观问题；既有经济问题，又有政治、文化、社会等问题。作为一所综合性大学，长江大学理应发挥其优势，在新农村建设的伟大实践中，努力打下属于自己的鲜明烙印，凸显长江大学的影响力和贡献力，通过我们的努力，让更多的果实“结”在田间地头。

2015年5月16日

前言

近年来，世界各国的养猪向高产、高效和优质的方向快速发展，生产水平提高很快。科学技术的发展及其在养猪生产中的应用，使得全面综合反映养猪生产水平的出栏率指标稳步提高。我国养猪生产也取得了长足的进步。养猪生产方式有了较大的变化，一大批养猪专业户出现，集约化养猪也已经起步；已初步建立了猪良种繁育体系；基本形成了科学的饲料加工体系；疫病防治体系已形成；加工流通体系不断完善。同时，消费者对猪肉产品的需求也在发生变化，由需要量的满足逐步提出质的要求，首先是要求胴体瘦肉率高，进而要求风味好，且越来越重视猪肉的安全，要求达到无公害、绿色甚至有机食品标准。

我国养猪业只有经历一场深刻的革命才能满足国民经济和社会长远发展的需要。由此出发，发展我国养猪业的基本思路应该是在保证肉猪出栏不减少或增长的前提下，稳定或适当减少存栏猪数和能繁母猪数，依靠科学技术，提高母猪和肉猪的生产力，提高胴体重、瘦肉率和肉质性能，以达到增加猪肉产量和提高胴体质量，降低成本提高经济效益的总目标。

《生猪健康养殖技术 100 问》是为现代养猪生产的需要而编写的，主要阐述了猪的生物学习性、行为特点，猪品种繁育技术，猪的营养与饲料配制，猪的饲养管理，猪场建设，生态养猪，猪场的环境控制、猪粪处理剂污染控制及猪的疫病防治技术等内容，可供养猪工作者、学生参考学习和使用。

我们在编写本书的过程中参考了若干同行专家的技术资料，力求做到内容合理，文字简明，技术先进，通俗易懂。但由于时间仓促，水平有限，书中疏漏之处在所难免，恳请同行专家和广大读者批评指正。

编　者

2015 年 4 月

目 录

一、品种、繁育技术

1. 我国地方猪良种类型有哪些?

我国地方猪种按其外貌体型、生产性能、当地农业生产情况、自然条件和移民等社会因素，大致可以划分为六个类型，现分述如下。

（1）华北型　华北型猪种分布最广，主要在淮河、秦岭、淮河以北的广大地区，包括东北、华北、内蒙古、新疆、宁夏，以及陕西、湖北、安徽、江苏四省的北部地区和青海的西宁市、四川省广元市附近的部分地区。

华北型猪毛色多为黑色，偶尔在末端出现白斑。体躯较大，四肢粗壮；头较平直，嘴筒较长；耳朵大而下垂，额间多纵行皱纹；皮厚多皱褶，毛粗密，鬃毛发达，可长达10厘米；冬季密生绒毛，抗寒力强。乳头8对左右，产仔数一般在12头以上，母性强，泌乳性能好，仔猪育成率较高。耐粗饲和消化力强。如民猪、八眉猪、黄淮海黑猪等。

（2）华南型　华南型猪种分命在云南省西南部和南部边缘，广西和广东偏南的大部分地区，以及福建的东南角和台湾各地。

华南型猪毛色多为黑白花，在头、臀部多为黑色，腹部多为白色，体躯偏小，体型丰满，背腰宽阔下陷，腹大下垂，皮薄毛稀，耳小直立或向两侧平伸；性成熟早，乳头多为5～7对，产仔数较少，每胎6～10头；脂肪偏多，如两广小花猪、滇南小耳猪、香猪等。

（3）华中型　华中型猪种主要分布于长江南岸到北回归线之间的大巴山和武陵山川东的地区，大致与华中区相符合。

华中型猪体躯较华南型猪大，体型则与华南型猪相似。毛色以黑白花为主，头尾多为黑色，体躯中部有大小不等的黑斑，个别有全黑者。体质较疏松，骨骼细致，背腰较宽而多下凹；乳头6～7对，每窝产仔10～13头；肉质细嫩。如金华猪、大花白猪、华中两头乌猪等。

（4）江海型　江海型猪种主要分布于汉水和长江中下游沿岸以及东南沿海地区。

江海型猪种的毛色自北向南由全黑逐步向黑白花过渡，个别猪种全为白色。骨骼粗壮，皮厚而松，多皱褶，耳大下垂；繁殖力高，乳头多为8对或8对以上，窝产仔13头以上，高者达15头以上；脂肪多，瘦肉少，如太湖猪、姜曲海猪、虹桥猪等。

（5）西南型　西南型猪种主要分布在云贵高原和四川盆地的大部分地区，以及湘鄂西部。

西南型猪种毛色多为全黑和相当数量的黑白花（“六白”或不完全“六白”等），但也有少量红毛猪。头大，腿较粗短，额部多有旋毛或纵行皱纹；产仔数一般为8～10头；屠宰率低，脂肪多。如内江猪、荣昌猪、乌金猪等。

（6）高原型　高原型猪种主要分布在青藏高原。被毛多为全黑色，少数为黑白花和红毛。头狭长，嘴筒直尖，犬齿发达，耳小竖立，体型紧凑，四肢坚实，形似野猪；每窝产仔5～6头；生长慢，胴体瘦肉多；背毛粗长，绒毛密生，适应高寒气候，藏猪为典型代表。

2. 我国有哪些地方优良猪种?

我国猪的品种资源丰富，对猪的育种起着非常重要的作用，国外很多品种都有中国猪种的血统。

我国地方猪种的共同特点是繁殖力强，肉质较好，性情温驯，能大量利用青粗饲料。但生长速度较慢，屠宰率偏低，膘较厚，胴体的瘦肉率较低。其外形特点是下颌多肉，皮下脂肪厚，体短而宽，胸深腰粗，四肢短小，大腿和臀部发育较轻，体长和胸围大致相等。国内著名的品种有太湖猪、金华猪、乐平猪、陆川猪、新淮猪、民猪、内江猪、荣昌猪、上海白猪、哈尔滨白猪、湖北白猪和北京黑猪等。

（1）太湖猪　太湖猪（图1）产于江苏、浙江的太湖地区，主要分布在长江下游的江苏、浙江和上海交界的太湖流域。太湖猪头大额宽，额部皱褶多、深，耳特大、软而下垂，耳尖同嘴角齐或超过嘴角，形如大蒲扇。全身被毛黑色或青灰色，毛丛密，腹部皮肤多呈紫红色，也有鼻吻白色或尾尖白色的。乳头多为16～18个。太湖猪是全世界猪种中繁殖力最高、产仔数最多的品种。母猪第一胎平均产仔数12头以上，产活仔数11头以上；二胎母猪平均产仔数14头以上，产活仔数13头以上；三胎及三胎以上母猪平均产仔数16头，产活仔数14头以上。太湖猪的生长速度较慢，15～25千克阶段，日增重300～400克，屠宰率一般在65%～70%，胴体瘦肉率较低，宰前体重75千克的猪，胴体瘦肉率40%左右。

图1　太湖猪母猪

（2）民猪　民猪（图2）原产于东北和华北地区。民猪具有抗寒能力强、体质健壮、产仔较多、胴体脂肪含量较多、肉质好以及适于放牧管理等特点。民猪根据体形大小分为大、中、小三

图 2　民猪母猪

种类型。头中等大，面直长，耳大下垂。体躯扁平，背腰狭窄，臀部倾斜。四肢粗壮。全身被毛黑色，毛密而长，猪鬃较多，冬季密生绒毛。乳头 7～8 对。民猪的生长速度较慢，20～90 千克育肥阶段，日增重 458 克左右，每千克增重消耗消化能 51.5 兆焦，90 千克屠宰，屠宰率为 72%左右，胴体瘦肉率为 45%左右，体重 90 千克以后，脂肪沉积增加，瘦肉率下降。其性成熟较早，母猪 4 月左右出现初情。母猪发情症状明显，配种受胎率高，公猪一般于 9 月龄、体重 90 千克左右配种；母猪于 8 月龄、体重 80 千克左右时初配，初产母猪产仔数 11 头左右，经产母猪产仔数 13 头左右。

（3）内江猪　内江猪（图 3）产于四川省内江地区。体形较大，体质疏松。头大嘴短，额面有深皱纹，耳大下垂，背宽微凹，腹部大而深，四肢粗壮。皮厚，全身被毛黑色，鬃毛粗长。乳头 7 对左右。内江猪的优点是生长发育快，性情温驯，仔猪哺育率高，耐粗饲，适应性强，不管是在炎热的南方，还是在寒冷的北方都能正常繁殖生长。其缺点是皮厚，屠宰率和瘦肉率较低。在中等饲养条件下，内江猪体重 15～90 千克阶段，饲养期 193 天，日增重 404 克。体重 90 千克屠宰，屠宰率 67%，胴体瘦肉率 37%。公猪一般 5～8 月龄初次配种。

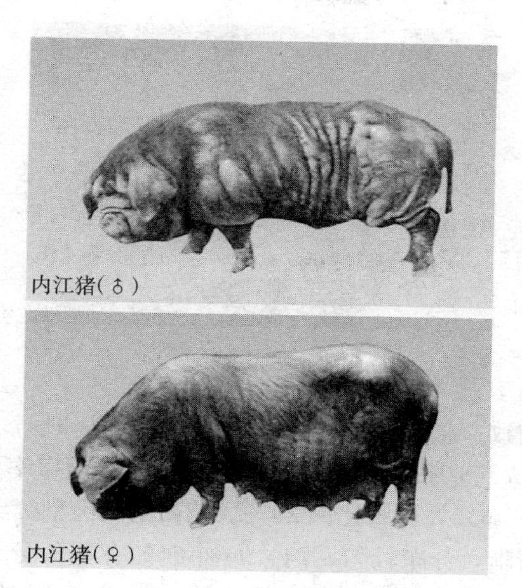

图3 内江猪

母猪平均113日龄初次发情，6～8月龄初次配种。初产母猪产仔8头以上，经产母猪产仔10头以上。

（4）荣昌猪 主产于四川荣昌和隆昌两县，后扩大到永川、泸县、泸州、合江、纳溪、大足、铜梁、江津、宜宾及重庆等10余县、市。据统计，产区常年有种母猪15万头左右。中心产区荣昌、隆昌两县，每年向外提供仔猪达10万头以上。荣昌猪除分布在本省许多县、市外，并推广到云南、陕西、湖北、安徽、浙江、北京、天津、辽宁等20多个省、直辖市。荣昌猪（图4）体型较大，除两眼四周或头部有大小不等的黑斑外，其余皮毛均为白色。也有少数在尾根及体躯出现黑斑全身纯白的。群众按毛色特征分别为“金架眼”“黑眼膛”“黑头”“两头黑”“飞花”和“洋眼”等。其中“黑眼膛”和“黑头”占一半以上。荣昌猪头大小适中，面微凹，耳中等大、下垂，额面皱纹横行、有旋毛；体躯较长，发育匀称，背腰微凹，腹大而深，臀部稍倾

图 4　荣昌猪

斜，四肢细致、结实；鬃毛洁白、刚韧；乳头 6～7 对。日增重 313 克，以 7～8 月龄体重 80 千克左右为宜，屠宰率为 69%，瘦肉率 42%～46%，腿臀比例 29%。荣昌猪肌肉呈鲜红或深红色，大理石纹清晰，分布较匀，24、96 小时贮存损失分别为 3.5%、7.2%。股二头肌熟肉率为 67.7%。背最长肌的含水率为 70.8%，脂肪 3.2%，蛋白质 24.8%；每克干肉热量为 23.93 兆焦。公猪 4 月龄已进入性成熟期，5～6 月龄时可开始配种。成年公猪的射精量为 210 毫升左右，精子密度为 0.8 亿/毫升。母猪初情期平均为 85.7（71～113）日龄，发情周期 20.5（17～25）天，发情持续期 4.4（3～7）天。初产母猪产仔数 6.7±0.1 头，断奶成活数 6.4±0.1 头，窝重 60.7±0.4 千克；3 胎以上经产母猪产仔数为 10.2±0.1 头，断奶成活数 9.7±0.2 头，窝重 102.2±0.6 千克。荣昌猪的鬃毛，以洁白光泽、刚韧质优载誉国内外。鬣鬃一般长 11～15 厘米，最长达 20 厘米以上，一头猪能产鬃 200～300 克，净毛率 90%。

（5）金华猪　金华猪（图 5）是中国著名的优良猪种。又称两头乌。产于浙江东阳、义乌、金华等地。体型中等，耳下垂，颈短粗，背微凹，臀倾斜、蹄质坚实。全身被毛中间白，头颈、臀尾黑。以早熟易肥、皮薄骨细、肉质优良。7～8 月龄、体重

图 5　金华猪

70～75 千克时为屠宰适期，胴体瘦肉率 40%～45%。以金华猪为母本与外来品种猪杂交所得杂种猪，瘦肉率明显提高。金华猪具有成熟早，肉质好，繁殖率高等优良性能，腌制成的“金华火腿”质佳味香，外形美观，蜚声中外。

（6）乐平猪　乐平猪（图 6）产于江西省乐平县。猪头大，额宽，且有较深的皱纹，耳大下垂，嘴筒短，略上翘，颈粗短，肩宽，背腰平直，腹大呈弧形，四肢粗壮，蹄壳呈玉色，皮肤皱褶多。除额部、尾尖、腹部和四肢下部等处为白色外，其余均为

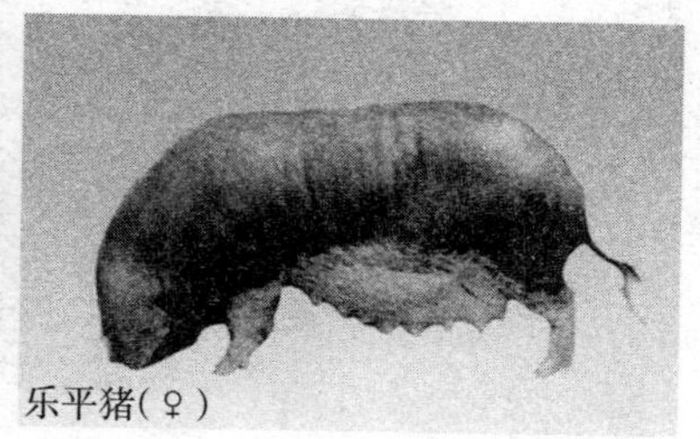

图 6　乐平猪

黑色，故有“乌云盖雪”之称。此种猪具有生长快，饲料利用率高，骨细脂多等主要优点。

（7）淮猪　淮猪（图7）是原产于淮北平原的古老地方品种。早在公元前春秋战国时期，淮北平原农业已相当发达，人们为食肉和农田施肥需要普遍养猪，逐渐培育形成体型外貌和生产性能趋于一致的淮猪品种。公元3～6世纪魏晋南北朝时期和12世纪南宋时期，淮北平原经济遭受战争破坏，两次大规模移民南下，淮猪逐被引入丘陵山区，经长期培育形成山猪。后随沿海地区的开发，淮猪东移，又逐渐形成适应沿海盐渍地带的灶猪。淮猪品种分淮北猪、山猪、灶猪3个类型。其主要特征：被毛黑色而较密，额部皱纹浅而少，嘴筒较长而直，体型较紧凑，四肢结实。性成熟早，母猪产仔数较多，3～9胎平均产仔13头左右。育肥猪平均日增重475克左右，饲料报酬4.57∶1，胴体背腰部较薄，皮较厚，瘦肉率较高达45%。淮猪主要分布淮北平原和

图7　淮　猪

丘陵山区及沿海地区。20 世纪 70 年代后期，淮北地区因广泛推广新淮猪，当地大部分淮猪被新淮猪及其杂种猪取代。至 1987 年，淮猪中心产区主要集中赣榆、仪征、高邮、溧阳、高淳、东台、大丰等县，其母猪数量居地方品种母猪的第二位。改良后的新淮猪产于江苏省淮阴地区。头稍长，嘴平直，耳中等大向前下方倾垂，背腰平直，腹稍大但不下垂，臀略斜，被毛黑色，体躯末端有少量的白斑。成年公、母猪体重分别为 250 千克和 185 千克左右。主要优点是母猪繁殖力强，每窝平均产仔 20 头左右。适应性强，耐粗饲。

（8）宁乡猪　宁乡猪（图 8）产于宁乡县流沙河、草冲一带，又称草冲猪、流沙河猪，是湖南省四大名猪种之一。已有 1 000余年的历史。全国除西藏、台湾外，其余省、自治区、直

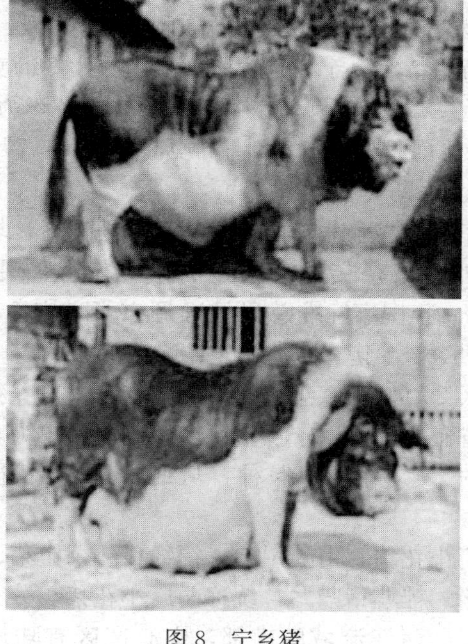

图 8　宁乡猪

辖市均引进宁乡猪，湖南省内则几乎遍及各地，尤以益阳、桃江、安化、涟源、湘乡、黔阳、邵阳等地引入较多。它具有繁殖率高、早熟易肥、肉质松疏等特点，且在饲养过程中性情温驯，适应性强。在漫长的选育中，形成了特有的性状：肉质细嫩、肉味鲜美，被称为国家重要的家畜基因库。20世纪70年代曾被联合国粮农组织列为推荐品种。

宁乡猪体型中等，头中等大小，额部有形状和深浅不一的横行皱纹，耳较小、下垂，颈粗短，有垂肉，背腰宽，背线多凹陷，肋骨拱曲，腹大下垂，四肢粗短，大腿欠丰满，多卧系，群众称“猴子脚板”，被毛为黑白花。依毛色不同有乌云盖雪、大黑花、烂布花三类型；依头型差异，有狮子头、福字头、阉鸡头三种。

宁乡猪属偏脂肪型猪种，具有早熟易肥，边长边肥，蓄脂力强，肉质细嫩，味道鲜美，性情温驯，适应性强，体躯深宽短促，体质松疏等特点。宁乡猪育肥期日增重为368克，饲料利用率较高，体重75～80千克时屠宰为宜，屠宰率为70%，膘厚4.6厘米，眼肌面积18.42厘米^2，瘦肉率为34.7%。宁乡猪三胎以上产仔10头。

宁乡猪在华北、东北、西北、华南等地饲养，均具有较强的适应性，与外种猪杂交具有明显的杂种优势，最高优势率达19.12%。1981年国家标准总局核准颁布了《宁乡猪》，代号为GB 2773—1981宁乡猪，正式确定宁乡猪为全国三大优良地方品种之一。进入20世纪80年代末期后，宁乡农户养猪基本实现杂交化。湖南省有关部门以宁乡猪原产地草冲农户为基础、县种猪场为核心，对宁乡猪实行保种。从此，宁乡猪进入保种繁育阶段。

（9）两广小花猪　由陆川猪、福绵猪、公馆猪、黄塘猪、塘缀猪、中垌猪、桂墟猪归并，统称两广小花猪。分布于广东、广西相邻的浔江、西江流域的南部，中心产区有陆川、玉林、合

图 9　两广小花猪

浦、高州、化州、吴川、郁南等地。两广小花猪体短和腿矮为其特征，表现为头短、颈短、耳短、身短、脚短、尾短，故又称为六短猪，额较宽，有 Y 形或菱形皱纹，中有白斑三角星，耳小向外平伸，背腰宽而凹下，腹大多拖地，体长与胸围几乎相等，被毛稀疏，毛色均为黑白花，黑白交界处有 4～5 厘米宽的晕带，乳头 6～7 对。6 月龄母猪体重 38 千克，体长 79 厘米，胸围 75 厘米。成年母猪体重 112 千克，体长 125 厘米，胸围 1.13 厘米。性成熟较早，小公猪 4 月龄即可配种，小母猪 4～5 月龄体重不到 30 千克即开始发情，多在 6～7 月龄、体重 40 千克时初配，初产平均产仔 8 头，三产以上平均产仔 10 头。肥猪自 11～87 千克，日增重 309 克，每千克增重消耗混合料 4.22 千克、青料 3.42 千克。体重 75 千克屠宰，屠宰率 67.72%，胴体中肉占 37.2%，脂占 45.2%，皮占 10.5%，骨占 7.1%。两广小花猪做母本，与引进的瘦肉型品种进行杂交。

（10）五指山猪　五指山猪（图10）又称老鼠猪，主产于海南省五指山区，是中国著名的小型猪种之一。五指山猪体形小，体质细致紧凑。头小而长，耳小而直立，嘴尖，嘴筒直或微弯。胸部较窄，腰背平直，腹部不下垂，臀部不发达，四肢细而短，被毛大部分为黑色或棕色，额头部位有白三角或流星，腹部与四肢内侧为白色，鬃毛呈黑色或棕色。性情稍趋温驯，反应灵敏，善于奔跑。

图10　五指山猪

五指山猪成年母猪体长50～70厘米，体高35～45厘米，胸围65～80厘米，体重30～35千克，很少超过40千克。五指山猪是中国特有的一种小型猪。过去因其体型小，增重慢，饲养周期长，被作为淘汰对象。但其具有抗逆性强，瘦肉率高，肉质好等优点。

五指山微型猪生长极为缓慢，近交系6月龄体重小于香猪（16.02±2.01千克）和西双版纳小型猪（20.79±1.24千克），成年猪（24月龄以上）小于同龄西双版纳小型猪（39.66±3.3千克），是育成实验动物的良好品种。

母猪2～3月龄开始有发情表现，配种并能受孕、产仔，妊娠期115～116天。乳头5～6对，多则7对。初产仔数5～6头，经产仔数6～8头。母猪在哺乳期（30天内）发情占50%，配种能受孕；公猪性成熟早于母猪，80 日龄附睾内有成熟精子，阴茎较长，伸出可达头部，因此有“小配大”即子配母的能力。

（11）香猪　香猪（图 11）又名“迷你猪”，民间美其名曰“七里香”“十里香”。香猪原产地为我国广西、贵州山区，中心产区在贵州省从江县，属微型猪种。其肉嫩味香，无膻无腥，故名香猪，是一个生产优质猪肉的良种。香猪与其他猪种不同，它是在特定自然环境和农牧业水平较低的环境中，经过长期近亲交配繁殖选育而成的，外观特点是短、圆、肥。毛有光泽。

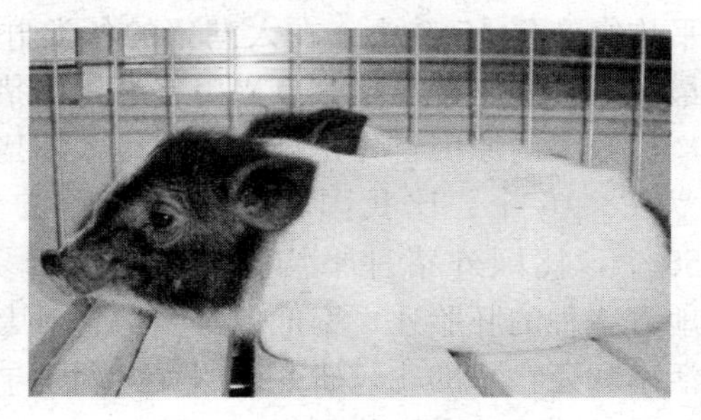

图 11　香　猪

香猪体躯短而矮小，被毛全黑，个别有唇白和肢端白。颈部短而细，头长额平，额部皱纹纵横，耳朵较小、薄且向两侧平伸，耳根硬，眼周围有一粉红色眼圈。背腰宽而微凹，腹较大下垂，四肢细短，尾巴细长似鼠尾。品种较纯的香猪眉心有明显白斑，黑色部分仅存在于头部和尾部，背部无黑斑。母猪乳头多为 5 对，少数 6 对。后躯丰满，四肢短细，前肢姿势端正，后肢多卧系。

香猪的突出特点是体型小、体重小。香猪 6 月龄公猪平均体重 14.2 千克，体长 65 厘米，体高 33 厘米，胸围 55 厘米；母猪 8 月龄体重 30 千克，体长 70 厘米，体高 47 厘米，胸围 73 厘米。育肥香猪屠宰率为 63.6%，瘦肉率达 52.2%。

香猪性成熟早，母猪初情期 4 月龄体重约 8 千克，4～6 个月即可发情配种；公猪65～75日龄出现爬跨行为，体重4～8千克。公猪在170日龄可初配。母猪头胎窝均产仔4.5～6头，经产母猪产仔数为5.7～8头。

3. 我国地方猪种的共同特征有哪些？

（1）繁殖力强　我国的地方猪种除华南型和高原型的部分品种外，普遍具有很高的产仔数。如东北民猪每窝平均产仔13.5头，太湖猪平均窝产仔15.8头。在太湖猪的各类群中产仔数以二花脸猪为最高，其次是枫泾猪、嘉兴黑猪、梅山猪等。

太湖猪产仔数多的原因首先是排卵数多。太湖猪成年母猪的平均排卵数为28.16个、比我国其他地方猪种的平均排卵数21.58多6.58个，比国外猪种平均排卵数21.10多7.066个。其次是我国地方猪种的胚胎死亡率低，许多学者对太湖猪和欧洲猪的胚胎存活率和死亡率的比较研究表明：太湖猪早期的胚胎死亡率平均为19.99%，国外猪种则为8.40%～30.07%，可见太湖猪的早期胚胎死亡率比国外猪种要低8.41%～10.08%，这预示着太湖猪具有高的活产仔猪数。

另外，我国地方猪种的性成熟早，初情期平均为98日龄、范围在64日龄（二花脸猪）至142日龄（民猪），平均体重24千克，范围在12千克（金华猪）至40千克（内江猪），而国外主要猪种在200日龄左右，几乎是中国猪的2倍。

（2）肉质优良　中国猪种在肉质优良这一特性上，表现尤为突出，根据10个地方猪种肌肉品质的研究表明，中国猪肌肉颜色鲜红（没有PSE猪肉，即没有肉色灰白、质地松软和渗水的劣质肉），系水力强，肌肉大理石花纹适中，肌内脂肪含量高。由于具有以上几种特性，反映到口感上是“肉嫩多汁，肉香味美”，而这些是国外猪种无法与之相比的。

（3）抗应激和适应性强　通过对粗纤维利用能力、抗寒性能、耐热性、体温调节机能、高温高湿下的适应性、高海拔下的适应性、耐饥饿及抗病力等8项内容的测定，表明我国猪种具有高度的抗应激性和适应性，有些猪种对严寒（民猪等）、酷暑（华南型猪）和高海拔（藏猪和内江猪）有很强的适应性。绝大多数中国猪种没有猪应激综合征（PSS）。

（4）矮小特性　我国贵州和广西的香猪、海南的五指山猪、云南的版纳微型猪以及台湾的小耳猪，成年体高在35～45厘米，体重只有40千克左右，是我国特有的遗传资源，具有性成熟早、体型小、耐粗饲、易饲养和肉质好等特性，是理想的医学实验动物模型，也是烤乳猪的最佳原料，具有广阔的开发利用前景。

以上中国猪种的几个优良遗传特性是十分可贵的，实践证明这些优良特性还可以稳定遗传给杂种后代，因此它们将对猪的遗传改良起到重要作用。

我国地方猪种虽具有以上优良特性，但存在生长慢、体成熟早、脂肪多和皮厚等缺点，需要扬长避短，合理利用。养猪工作者的任务一是保种，二是开发利用，防止遗传资源灭绝，以发挥其独特的作用。

4. 我国引进的主要瘦肉型猪种有哪些？

（1）长白猪　长白猪（图12，图13）原名兰德瑞斯，原产于丹麦，由于体型特长，毛色全白，故在我国都称它为长白猪。长白猪是1887年用大约克夏猪与丹麦本土种猪杂交后经长期选育而成，具有生长快、饲料利用率高、瘦肉率高、母猪产仔多、泌乳性能较好等优点。

长白猪全身白毛，体躯呈流线型，头小，鼻嘴直，狭长，两耳向前下平行直伸，背腰特长，后躯发达，臀腿丰满，增重快，饲料转化率高，胴体膘薄瘦肉多，瘦肉率可达62%以上，乳头数7～8对，初配年龄为8月龄，体重约120千克，初产母猪平

图 12　长白猪公猪

图 13　长白猪母猪

均产仔数为 10.8 头，经产母猪产仔数平均 11.8 头，仔猪初生重量可达 1.3 千克以上。在国外三元杂交中长白猪常作为第一父本或母本。

（2）杜洛克　杜洛克猪（图 14，图 15）是美国在 19 世纪 60 年代用纽约州的杜洛克猪和新泽西州的泽西红毛猪杂交育成，成年公猪体重 380 千克左右，成年母猪体重 300 千克左右。我国于 1972 年首次引入，1978 年和 1982 年又先后从美国、日本、匈牙利等国大批引入，现已分布全国。

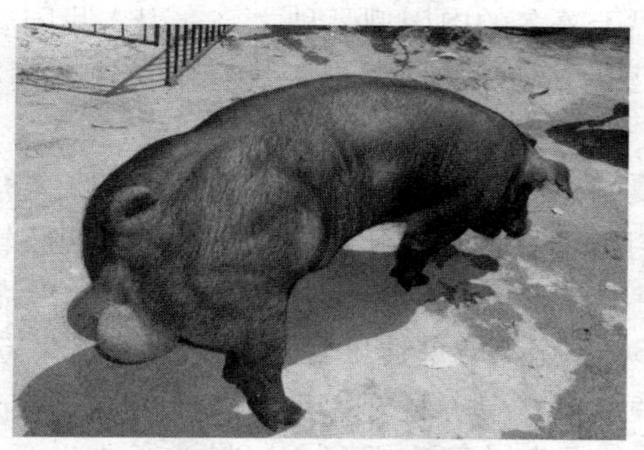

图 14　杜洛克猪公猪

图 15　杜洛克猪母猪

杜洛克猪全身棕红或红色，但深浅不一，从金黄色到棕褐色均有，体躯高大，粗壮结实，头较小，面部微凹，耳中等大小，向前倾，耳尖稍弯曲，胸宽深，腹线平直，四肢粗壮，背略呈弓形，乳头 5～6 对，初产母猪产仔数 9 头，经产母猪产仔数 10～12 头，母性较强，育成率较高。适应性强，中等营养水平条件下，育肥期日增重 700 克左右，170 日龄体重可达 100 千克以上，饲料报酬 3.0 以下，屠宰率 72.7%左右，平均背膘厚 2 厘米左右，眼肌面积 32 厘米^2 左右，胴体瘦肉率 64.3%以上，肉质好。在国外三元杂交中杜洛克猪作为第二父本。

（3）大约克夏猪　于 18 世纪育成于英国，因其体格大、增重快，是世界上著名的肉用型品种之一。引入我国后，经过多年培育驯化，已有了较好的适应性，具有生长快、饲料利用率高、瘦肉率高、产仔较多等特点。

大约克夏猪（图 16，图 17）全身白毛，故又称大白猪。体格大，体型匀称，耳直立，鼻直，背腰微弓，四肢较长，头颈较长，脸微凹，体躯长。成年公猪体重 250～300 千克，成年母猪体重 230～250 千克。增重速度快，省饲料，出生 6 月龄体重可以达 100 千克左右。营养良好，自由采食的条件下，日增重可达 700 克以上，每千克增重消耗配合饲料 3 千克以下。体重 90 千克时屠宰率 71%～73%，胴体瘦肉率 60%～65%。经产母猪产仔数 11 头，乳头 7 对以上，8.5～10 月龄开始配种。在国外三元杂交中大约克夏猪常作为第一父本或母本。

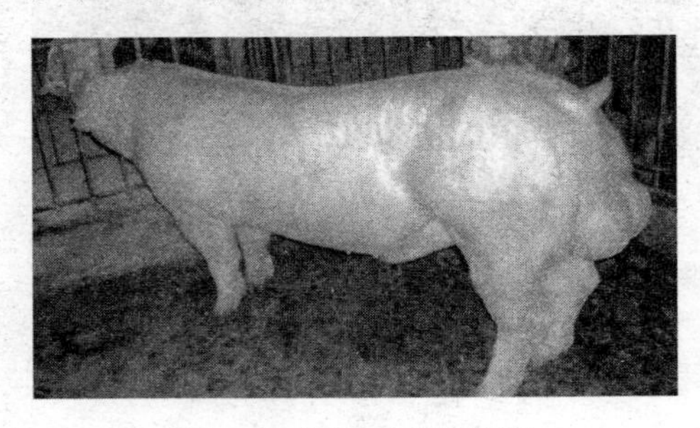

图 16　大约克夏猪公猪

图 17　大约克夏猪母猪

（4）汉普夏　汉普夏猪（图 18，图 19）原产于美国肯塔基州布奥尼地区，是美国第二位普及的猪种，广泛分布于世界各地。早在 1825—1830 年，英国苏格兰地方的汉普夏饲养一种白肩种，后来由 Mokey 氏把它输入美国，并用这种白肩猪与薄皮猪杂交，选育而成，由于其皮薄，故曾被称为薄皮猪，到 1904 年才统一命名为汉普夏猪。汉普夏猪原属脂肪型，后来根据消费者的要求进行改良，约经 60 多年时间，变成皮下脂肪薄、胴体伸长、瘦肉多的肉用型品种。

图 18　汉普夏猪母猪

图 19　汉普夏猪公猪

汉普夏猪毛黑色，前肢白色，后肢黑色。最大特点是在肩部和颈部接合处有一条白带围绕，包括肩胛部、前胸部和前肢，呈一白带环，在白色与黑色边缘，由黑皮白毛形成一灰色带，故又称银带猪。头中等大小，耳中等大小而直立，嘴较长而直，体躯较长，背腰呈弓形，后躯臀部肌肉发达，性情活泼。

汉普夏猪产仔数达 9.78 头，母性好，体质强健，生长快，较早熟，是较好的母本材料，在迪卡配套繁育体种，就较好利用了这一特性。

5. 猪的生物学特性有哪些?

（1）繁殖率高，世代间隔短　猪一般 4～5 月龄达到性成熟，6～8 月龄就可以初次配种。妊娠期短，只有 114 天，1 岁时或更短的时间内可以第一次产仔。据报道，中国优良地方猪种，公猪 3 月龄开始产生精子，母猪 4 月龄开始发情排卵，比国外品种早 3 个月，太湖猪 7 月龄便开始有分娩的。

猪是常年发情的多胎高产动物，一年能分娩两胎，若缩短哺乳期，母猪进行激素处理，可以达到两年五胎或一年三胎。经产母猪平均一胎产仔 10 头左右，比其他家畜要高产。我国太湖猪的产仔数高于其他地方猪种和外国猪种，窝产活仔数平均超过 14 头，个别高产母猪一胎产仔超过 22 头，最高纪录窝产仔数达 42 头。

生产实践中，猪的实际繁殖效率并不算高，母猪卵巢中有卵原细胞 11 万个，但在它一生的繁殖利用年限内只排卵 400 枚左右。母猪一个发情周期内可排卵 12～20 个，而产仔只有 8～10 头；公猪一次射精量 200～400 毫升，含精子数 200 亿～800 亿个，可见，猪的繁殖效率潜力很大。试验证明，通过外激素处理，可以使母猪在一个发情期内排卵 30～40 个，个别可达到 80 个，产仔数高的个别母猪一胎也可达 15 头以上。因此，只要采取适当繁殖措施，改善营养和饲养管理条件，以及采用先进的选育方法，进一步提高猪的繁殖效率是可能的。

（2）食性广，饲料转化率高　猪是杂事动物，门齿、犬齿和臼齿都很发达，胃是肉食动物的简单胃与反刍动物复杂胃之间的中间类型，因而能充分利用各种动植物和矿物质饲料，但猪对食物有选择性，能辨别口味，特别喜爱甜食。

猪对饲料的转化效率仅次于鸡，而高于牛、羊，对饲料中的能量和蛋白质利用率高。按采食的能量和蛋白质所产生的可食蛋白质比较，猪仅次于鸡，而超过牛、羊。

猪的采食量大，但很少过饱，消化道长，消化极快，能消化大量饲料，以满足其迅速生长发育的营养需要。猪对精料有机物的消化率为 76.7%，也能较好地消化青粗饲料，对青草和优质干草的有机物消化率分别达到 64.6%和 51.2%。但是，猪对粗饲料中的粗纤维的消化较差，而且饲料中粗纤维含量越高对日粮的消化率也越低。因为猪胃内没有分解粗纤维的微生物，几乎全靠大肠内微生物分解。既不如反刍家畜牛、羊的瘤胃，也不如马、驴发达的盲肠。所以，在猪的饲养中，注意精、粗饲料的适当搭配，控制粗纤维在日粮中所占比例，保证日粮的全价性和易消化性。猪对粗纤维的消化能力随品种和年龄不同而有差异，中国地方猪种较国外培育品种具有较好的耐粗饲料性。

（3）生长期短，周转快，蓄脂力强　在肉用家畜中，猪和牛、马、羊相比，无论是胚胎期还是生后生长期都是最短的。猪由于胚胎期短，同胎仔数又多，出生时发育不充分，例如，头的比例大，四肢不健壮，初生体重小（平均只有 1～1.5 千克），仅占成猪体重的 1%，各器官系统发育也不完善，对外界环境的适应能力差，所以，初生仔猪需要精心护理。

猪出生后为了补偿胚胎期内发育不足，生后 2 个月内生长发育特别快，30 日龄的体重为初生重的 5～6 倍，2 月龄体重为 1 月龄的 2～3 倍，断奶后至 8 月龄前，生长仍然很迅速，尤其是瘦肉型猪生长发育快，是其突出的特性。在满足其营养需求条件下，一般 160～170 天体重可达 90～100 千克，即可出栏上市，相当于初生体重的 90～100 倍。而牛和马只有 5～6 倍，可见比猪比牛和马相对生长强度大 10～15 倍。生长期短、生长发育迅速、周转快等优越性的生物学特性和经济学特点，对养猪经营者降低成本，提高经济效益是十分有益的，所以，深受养猪生产者的欢迎。

（4）嗅觉和听觉灵敏，视觉不发达　猪生有特殊鼻子，嗅区广阔，嗅黏膜的绒毛面积很大，分布在嗅区的嗅神经非常密集。因此，猪的嗅觉非常灵敏，对任何气味都能嗅到和辨别。据测定，猪对气味的识别能力高于狗 1 倍，比人高 7～8 倍。仔猪在生后几小时便能鉴别气味，依靠嗅觉寻找乳头，在 3 天内就能固定乳头，在任何情况下，都不会出错。因此，在生产中按照强弱固定乳头或寄养时在 3 天内进行较为顺利。猪依靠嗅觉能有效地寻找埋藏在地下很深的食物。凭着灵敏的嗅觉，识别群内的个体、自己的圈舍和卧位，保持群体之间、母仔之间的密切联系；对混入本群的其他群仔猪能很快认出，并加驱赶，甚至咬伤或咬死。灵敏的嗅觉在公、母性联系中也起很大作用，在发情母猪闻到公猪特有的气味，即使公猪不在场，也会表现“呆立”反应。同样，公猪能敏锐闻到发情母猪的气味，即使距离很远也能准确辨别出母猪所在的方位。

猪耳形大，外耳腔深而广，听觉相当发达，即使很微弱的声响，都能敏锐地察觉到。另外，猪头转动灵活，可以迅速判断声源方向，能辨声音强度、音调和节律，容易对呼名、口令和声音刺激建立条件反射。仔猪生后几小时，就对声音有反应，到 3～4 个月龄时就能很快地辨别出不同声音。猪对意外声响特别敏感，尤其是与吃喝有关的音响更为敏感，当它听到饲喂器具的声响时，立即起而望食，并发出饥饿叫声。在现代养猪场，为了避免由于喂料音响所引起的猪群骚动，常采取全群同时给料装置。猪对危险信息特别警觉，即使睡眠，一旦有意外响声，就立即苏醒，站立警备。因此，为了保持猪群安静，尽量避免突然声响，尤其不要轻易抓捕小猪，以免影响其发育。

猪的视觉很弱，缺乏精确的辨别能力，视距、视野范围小，不靠近物体就看不见东西。对光刺激一般比声刺激出现条件反射慢很多，对光的强弱和物体形态的分辨能力也弱，辨色能力也差。人们常利用这一特点，用假母猪进行公猪采精训练。

（5）适应性强，分布广　猪对自然地理、气候等条件的适应性强，是世界上分布最广、数量最多的家畜之一，除因宗教和社会习俗等原因而禁止养猪的地区之外，凡是有人类生存的地方都可养猪。从生态学适应性看，主要表现为对气候寒暑的适应、对饲料多样性的适应，对饲料方法和方式（自由采食和限喂，舍饲与放牧）的适应，这些是它们饲养广泛的主要原因之一。但是，猪如果遇到极端的环境和极其恶劣的条件，猪体出现新的应激反应，如果抗衡不了这种环境，生态平衡就会遭到破坏，生长发育受阻，生理出现异常，严重时就出现病患和死亡。例如，当温度升高到临界温度以上时，猪的热应激开始，呼吸频率升高，呼吸量减少、性欲变差，母猪不发情，当环境温度超出等热区上限更高时，猪则难以生存。同样冷应激对猪影响也很大，当环境温度低于猪的临界温度时，其采食量增加，增重减慢，饲料转化率低，挤堆，进而死亡。又如噪声对猪的影响，轻者可使猪食欲不振，发生暂时性惊慌和恐惧行为，呼吸、心跳加速，重者能引起母猪早产、流产和难产，使猪的受胎率、产仔数减少等发生。

（6）喜清洁，易调教　猪是爱清洁的动物，采食、睡眠和排粪便都有特定的位置，一般喜欢在清洁干燥处躺卧，在墙角潮湿有粪便气味处排粪便。若猪群过大，或圈栏过小，猪的上述习惯就会被破坏。猪属于平衡灵活的神经类型，易于调教。在生产实践过程中可利用猪的这一特点，建立有益的条件反射，如通过短期训练，可使猪在固定地点排粪便等。

（7）定居漫游，群居位次明显　猪喜群居，同一小群或同窝仔猪能和睦相处，但不同窝或群的猪新合在一起，就会互相撕咬，并按来源分小群躺卧，几日后才能形成一个有次序的群体。

在猪群内，不论群体大小，都会按体质强弱建立明显的位次关系，体质好，“战斗力强”的排在前面，稍弱的排在后面，依次形成固定的位次关系，若猪群过大，就难以建立位次，相互争斗频繁，影响采食和休息。

6. 猪的行为学特点有哪些？

（1）采食行为　猪的采食行为包括摄食与饮水，并具有各种年龄特征。

猪生来就具有拱土的特性，拱土觅食是猪采食行为的一个突出特征。鼻子是高度发育的器官，在拱土觅食时，嗅觉起着决定性作用。尽管在现代猪舍内，饲以良好的平衡日粮，猪还表现拱地觅食特征。喂食时每次猪都力图占据饲槽有利位置，有时将两前肢踏在饲料槽中采食，如果饲槽易于接近的话，个别猪甚至钻进饲槽，站立饲槽的一角，就像野猪拱地觅食一样，以吻突沿着饲槽拱动，将饲料搅弄出来，抛洒一地。

猪的采食具有选择性，特别喜爱甜食。研究发现，哺乳的初生仔猪喜爱甜食。颗粒料和粉料相比，猪爱吃颗粒料；干料与湿料相比，猪爱吃湿料，且花费时间少。

猪的采食是有竞争性的，群饲的猪比单饲的猪吃的多、吃得快，增重也快。

猪白天采食6～8次，比夜间多1～3次，每次采食持续时间10～20分钟，限饲时少于10分钟。自由采食不仅采食时间长，而且能表现每头猪的总时间的10%～20%，大猪的采食量和摄食频率随体重增大而增加。

在多数情况下，饮食与采食同时进行。猪的饮水量是相当大的，仔猪出生后就需要饮水，吃料时饮水量为干料的2～3倍；成年猪的饮水量除饲料组成外，很大程度取决于环境温度。吃混合料的小猪，每昼夜饮水9～10次，吃湿料平均2～3次，吃干料的猪每次采食后需要立即饮水，自由采食的猪通常采食与饮水交替进行直到满意为止，限制饲喂的猪则在吃完料后饮水。2月龄前的小猪可学会使用自动饮水器饮水。

（2）排泄行为　猪不在吃睡的地方排泄粪尿，这是祖先遗传下来的本性，因为野猪不在窝边排泄，可以避免被敌兽发现。

猪能保持其睡窝干洁，能在猪栏内远离窝床的一个固定地点排粪尿。猪排粪尿有一定的时间和区域，一般多在食后饮水或起卧时，选择阴暗潮湿或污浊的角落排粪尿，且受邻近猪的影响。据观察，生长猪在采食过程中不排粪，饱食后约5分钟开始排粪1～2次，多为先排粪后排尿，在饲喂前也有排粪的，但多为先排尿后排粪，在两次饲喂的间隔时间里猪多为排尿而很少排粪，夜间一般排粪2～3次，早晨的排泄量最大。

（3）群居行为　猪的群体行为是指猪群中个体之间发生的各种交互作用。结对是一种突出的交往活动，猪群表现出更多的身体接触和保持听觉的信息传递。

在无猪舍的情况下，猪能自我找固定地方居住，表现出定居漫游的习性。猪有合群性，但也有竞争性，大欺小、强欺弱和欺生的好斗特性，猪群越大，这种现象越明显。

稳定的猪群，是按优势序列原则，组成有等级制的社群结构，个体之间保持熟悉，和睦相处；当重新组群时，稳定的社会结构发生变化，发生激烈的争斗，直至重新组成新的社群结构。

猪具有明显等级，这种等级刚出生后不久即形成。仔猪出生后几小时内，为争夺母猪前端乳头会出现争斗行为，常出现最先出生或体重较大的仔猪占最优乳头位置。同窝仔猪合群性好，当它们散开时，彼此距离不远，若收到意外惊吓，会立即聚集一堆，或成群逃走，当仔猪同其母猪或同窝仔猪离散后不到几分钟，就出现极度不安，大声嘶叫，频频排粪尿。年龄较大的猪与伙伴分离也有类似表现。

猪群等级最初形成时，以攻击行为最为多见，等级顺序建立，受构成这个群体的品种、体重、性别、年龄和气质等因素影响。一般体重大的、气质强的猪占优位，年龄大的比年龄小的占优位，公比母、未去势比去势的猪占优位。小体型猪及新加入猪则往往列于次等，同窝仔猪之间群体优势序列的确定，常取决于断奶时体重大小，不同窝仔猪并圈时，开始会激烈争斗，并按照来源分小群躺卧，24～48小时内，明显的等级体系就可形成，一般是简单的线型。

（4）争斗行为　包括进攻防御、躲避和守势等活动。

在生产实践中能见到的争斗行为一般是为争夺饲料和地盘引起，新合并的猪群内相互交锋，除争夺饲料和地盘外，还有调整猪群群居结构的作用。

一头陌生的猪进入一群中，这头猪便成为全猪群的攻击对象，攻击往往是严厉的，轻者伤皮肉，重者造成死亡。如果将两头陌生的性成熟公猪放在一起，彼此发生激烈的争斗。他们相互打转、相互嗅闻，有时两前肢趴地，发出低沉的吼叫声，并突然用嘴撕咬，这种争斗可能持续1小时以上，屈服的猪往往调转身躯，嚎叫逃离争斗现场，虽然两猪之间的格斗很少造成伤亡，但一方或双方都会造成巨大损失，在炎热的夏天，两头幼公猪之间的格斗，往往因为热及虚脱而造成一方或双方死亡。

猪的争斗行为，多受饲养密度的影响，当猪群密度过大，每头猪所占空间下降时，群内咬斗次数和强度增加，会造成猪群吃料攻击行为增加，降低采食量和增重。

新合群的猪群，主要是争夺群居位次，只有群居构成形成后，才会更多地发生争食和争地盘的格斗。

（5）性行为　包括发情、求偶和交配行为。母猪在发情期，可以见到特异的求偶表现，公、母猪都表现一些交配前的行为。

发情母猪主要表现卧立不安，食欲忽高忽低，发出特有的音调柔和而有节律的哼哼声，爬跨其他母猪，或等待其他母猪爬跨，频频排尿，尤其是公猪在场时排尿更为频繁。发情中期，性欲高度强烈的母猪，当公猪接近时，调其臀部靠近公猪，闻公猪的头、肛门和阴茎包皮，紧贴公猪行走，甚至爬跨公猪，最后站立不动，接受公猪爬跨。管理人员压其背部时，立即出现呆立反射，这种呆立反射是母猪发情的一个关键行为。

公猪一旦接近母猪，会追逐它，嗅其体侧肋部和外阴部，把嘴插向母猪两腿之间，突然往上拱动母猪的臀部，口吐白沫，往往发出连续的、柔和而有节奏的喉音哼声，有人把这种特有的叫声称为“求偶歌声”，当公猪兴奋时，还出现有节奏的排尿。

有些母猪表现明显的配偶选择，对个别公猪表现出强烈的厌恶；有的母猪由于内激素分泌失调，表现性行为亢进，不发情或发情不明显。

公猪由于营养和运动关系，常出现性欲低下，或发生自淫现象；群养公猪，常造成稳定的同性性行为的习性，群内地位低的公猪多被其他公猪爬跨。

（6）母性行为　母性行为包括分娩前后母猪的一系列行为，如絮窝、哺乳及其他抚育仔猪的活动等。

母猪临近分娩时，通常以衔草、铺垫猪床絮窝的形式表现出来，如果栏内是水泥地而无垫草，只好用蹄子抓地来表示。分娩前 24 小时母猪表现神情不安，频频排尿、磨牙、摇尾、拱地、时起时卧，不断改变姿势；分娩时多采用侧卧，选择最安静的时间分娩，一般多在下午 4 时以后，特别在夜间产仔多见。当第一头小猪产出后，有时母猪还会发出尖叫声，当小猪吸吮母乳时，母猪四肢伸直亮开乳头，让初生仔猪吃乳。母猪整个分娩过程中，自始至终都处在放乳状态，并不停地发出哼哼声，乳头饱满，甚至奶水流出，使仔猪容易吸吮。母猪分娩以后充分暴露乳房的姿势躺卧，形成一热源，引诱仔猪挨着母猪乳房躺下。授乳时常采取左倒卧或右倒卧姿势，一次哺乳中间不转身，母仔双方都能主动引起哺乳行为，母猪以低度有节奏的哼哼声呼唤仔猪哺乳，有时是仔猪以它的召唤声和持续地轻触乳房以刺激授乳，一头母猪授乳时母仔的叫声，常会引起同舍内其他母猪也哺乳。仔猪吮乳过程可分为四个阶段，开始仔猪聚集乳房处，各自占据一定位置，以鼻端拱摩乳房，吸吮，仔猪身向后，尾紧卷，前肢直向前伸，此时母猪哼叫达到高峰，最后排乳完毕。

母仔之间是通过嗅觉、听觉和视觉来相互识别和联系的，猪的叫声是一种联络信号。哺乳母猪和仔猪的叫声，跟进其发声部位（喉音或鼻音）和声音的不同可分为嗯嗯声（母仔亲热时母猪叫声），尖叫声（仔猪的惊恐声）和鼻喉混声（母猪护仔的警告声和攻击声）三种类型，以此不同的叫声，母仔互相传递信息。

母猪非常注意保护自己的仔猪，在行走、躺卧时十分谨慎，不踩伤、压伤仔猪，当母猪躺卧时，选择靠栏三角地不断将仔猪推出卧位慢慢地倚栏躺下，以防压住仔猪，一旦遇到仔猪被压，只要听到仔猪的叫声，马上站起，防压动作再重复一遍，直到不压住仔猪为止。

带仔母猪对外来的侵犯，先发出报警的吼叫，仔猪闻声逃窜或伏地不动，母猪会张合上下颌对侵犯者发出威吓，甚至进行攻击。刚分娩的母猪即使对饲养人员捉拿仔猪也会表现出强烈的攻击行为。这些母性行为，地方猪种表现尤为明显；现代培育品种，尤其是高度选育的瘦肉型猪种，母性行为有所减弱。

（7）活动与睡眠　猪的行为有明显的昼夜节律，活动大都在白昼，在温暖季节和夏天，夜间也有活动和采食，遇到阴冷天气，活动时间缩短。猪昼夜活动也因年龄及生产性能不同而有差异，仔猪昼夜休息时间平均 60%～70%，种猪 70%，母猪 80%～85%，肥猪 70%～85%。休息高峰在半夜，清晨 8 点时左右休息最少。

哺乳母猪睡卧时间随哺乳天数的增加逐渐减少，走动次数由少到多，时间由短到长，这是哺乳母猪特有的行为表现。

哺乳母猪睡卧休息有两种形式，一种是静卧，一种是熟睡。静卧休息姿势多为侧卧，呼吸轻而均匀，虽闭眼但易惊醒；熟睡为侧卧，呼吸深长，有鼾声且常有皮毛抖动，不易惊醒。

仔猪初生后3天内，除吸乳和排泄外，几乎全是酣睡不动，随日龄增长和体质的增强活动逐渐增多，睡眠相应减少，但至40日龄大量采食补料后，睡卧时间又有增加，饱食后一般安静睡眠。仔猪活动与睡眠一般都尾随效仿母猪。出生后10天左右便开始与同窝仔猪群体活动，单独活动很少，睡眠休息主要表现为群体睡卧。

（8）后效行为　猪的行为有的与生俱来，如觅食、哺乳和性行为等，有的则是后天形成的，如识别某些事物和听从人们指挥的行为等。后天获得的行为称条件反射行为，或称后效行为。后效行为是猪生后对新鲜事物的熟悉而逐渐建立起来的。猪对吃、喝的记忆力强，对饲喂的有关工具、食槽、饮水槽及其方位等，最易建立起条件反射。小猪在人工哺乳时，每天定时饲喂，只要按时给以笛声或者铃声或饲喂用具的敲打声，训练几次，即可听从信号指挥，到指定地点吃食。

猪以上各方面的行为特性，为养猪生产者饲养管理好猪群提供了科学依据。在整个养猪生产工艺流程中，充分利用这些行为特性，精心安排各类猪群的生活环境，使猪群处于最优生长状态，方可充分发挥猪的生产潜力，获取最佳经济效益。

7. 种猪性能测定方案如何？

所谓种猪测定方案，是指为在某个国家或某地区有计划地开展种猪测定，根据现代遗传育种学原理，结合国情或地域实际而制定的规范化、标准化测定模式。不同国家、不同地域，由于国情和地域条件的不同，其测定方案不尽相同。

（1）测定站测定　测定站集中测定（或测定站测定方案）是把各核心群的被测种猪集中到中心测定站，在相对一致的环境条件下，按统一的测定规程进行测定。测定后，统一公布测定结果，并进行评等分级和良种登记。测定站集中测定，其目的是为了创造相对标准的、统一的、长期稳定的环境条件，使供测猪能充分发挥其遗传潜力，对其性能做出公正的评价，为养猪生产者选购种猪、育种工作者选择优良种猪提供可靠的依据和指导。测定后，对遗传品质优良的种猪，可送人工授精站，以充分发挥其作用；或返回原核心群，以加快遗传改良速度；或举行现场拍卖会，将种猪推向市场，实施优质优价，促进养猪业的发展。集中测定一般实行公猪个体性能测定或个体性能与同胞测定相结合的方案。

①公猪个体性能测定　在相对一致的环境条件下测定公猪的生长性状，根据估计育种值或综合选择指数的高低，结合体型外貌评分，进行分等分级。近年来，随着测定手段、测定方法的不断改进和完善，以及计算机网络技术在猪育种中的应用，其分析手段的提高，尽量简化测定方案，仅采用此法进行集中测定。单纯采用公猪性能测定方案时，要求对育种场每个血统的种公猪都进行测定、每头公猪配 3 头核心群，每窝选一头公猪送测定中心进行测定。

②公猪性能加同胞测定　公猪性能加同胞测定（或综合测定）是对公猪进行性能测定的同时进行全、半同胞测定，根据测定成绩、综合评定公猪的性能水平。其方案是在公猪性能测定的联础上，每窝加选一去势公猪和一母猪即每窝 3 头为一个测定组。公猪单栏饲养，其余的同胞关在一个栏内，自由采食，按栏计料。当同胞测定猪体重达目标体重（如 100 千克）时，结束育肥测定后，进行屠宰测定，测定胴体性状和肉质性状。

对猪来说，尽管现在一般都不开展后裔测定，但在当代来说，是个体性能测定和同胞育肥测定，而对上一代来说、实际上则是后裔测验。可根据个体性能测定和同胞测定的结果，对上一代的育种值进行再估计，并根据再估计的育种值的高低决定其在群体中存在的时间，即将育种值仍然高的个体继续留作种用，增加优良基因频率。

③电子识别自动记料饲喂系统　由法国 ACEMO 公司推出的 ACEMA64 新一代猪自动化测试系统，可以准确记录自由采食情况下群养猪的个体采食量，改变了个体测定方式。ACEMA64 是在 ACHMA48 系统上发展来的；ACEMA48 系统曾经在 1990 年国际农业畜牧饲养机械设备展览会 SIMAVIP 上获得金质奖，此系统技术成熟，已被法国、德国、荷兰、丹麦等许多国家的猪育种测定站（中心）所使用，我国北京、深圳、武汉等地也已引进使用。

（2）现场测定方案　现场测定（或农场测定）是依靠育种场自身的力量和条件，在中心测定站指导下，按统一规程进行测定，为本猪群的遗传改良提供信息，其测定结果报测定中心统一公布，并进行良种登记。

现场测定一般进行公猪性能测定和后备母猪生长发育测定及母猪繁殖性能测定。公猪性能测定应单栏饲养，后备母猪生长发育测定应尽量在一致的环境条件下进行测定，母猪繁殖性能测定要记录同窝仔猪的遗传缺陷性状。被测定种猪必须有个体系谱及其他记录档案，所有仔猪都必须编耳号。

现场测定必须按现场测定规程，统一测定方法、评定标准，统一营养水平。有条件的种猪场也可进行同胞测定。

（3）同步测定方案　同步测定是指根据统一的测定规程，中心集中测定与现场测定同时进行，并用双方测定结果，利用动物模型 BLUP 法进行遗传评估，可消除场间等环境偏差，进行个体育种值估计，以提高群内选择差，加大选择强度。选留的种猪既可用于本场更新，又可用于场际交流；采用人工授精技术，扩大优良基因的频率。现虽然多提倡此方案，但由于我国地域辽阔，种猪场数量多，完全采用此方案是不现实的。可采用以现场测定为主，现场测定与集中测定相结合的方案。

8. 猪场引种的目的及如何计划引种？

新建的猪场生产经营是第一步是先要引种，引种是生产经营的前提。同样，一个规模化猪场，每年也都要淘汰一部分生产成绩不理想的种猪，引入部分种猪进行更新，通过品种改良来提高养猪效益。无论是从国外引种还是在国内引种，都要树立正确的引种观念。猪场引种时应考虑以下问题。

（1）引种的目的　引种主要有从国外引进纯种祖代种猪，或从国内种猪场引进外来瘦肉型种猪以及中国地方品种种猪。目前，国内的外来瘦肉型猪主要有：纯种猪、二元杂种猪及配套系猪等。引种时主要考虑本场的生产目的是生产种猪还是商品猪，是新建场还是更新血缘，不同的目的引进的品种、数量各不相同。

如果猪场是以生产种猪为目的，不管从国外还是国内引进种猪，都需要引进纯种，如大白猪、长白猪、杜洛克猪，可生产销售纯种猪或生产二元杂种猪。

如果猪场以生产商品猪为目的，小型猪场可直接引进二元杂种母猪，配套杜洛克公猪或二元杂种公猪繁殖三元或四元商品猪；大规模养猪场可同时引入纯种猪及二元母猪。纯种猪用于杂交生产二元母猪，可补充二元母猪的更新需求，避免重复引种，二元杂种猪直接用于生产商品猪。也可直接引入纯种猪进行二元杂交，二元猪群扩繁后再生产商品猪。这种模式的优点一是投资成本低，二是保证所有二元品种纯正，三是猪群整齐度高。缺点是见效慢，大批量生产周期长。

（2）制定引种计划　猪场应该结合自身的实际情况，根据种群更新计划，确定所需要品种和数量，有选择性地购进能提高本场种猪某一生产性能、满足自身要求，并购买与自己的猪群健康状况相同的优良个体，如果是加入核心群进行育种的，则应购买经过生产性能测定的种公猪或种母猪。新建猪场应从新建猪场的规模、产品市场和猪场未来发展方向等方面进行计划，确定所引进种猪的数量、品种和级别，是外来品种还是地方品种，是原种、祖代还是父母代。根据引种计划，选择质量高、信誉好的大型种猪场引种。

9. 选择猪场引种时注意哪些问题？

（1）选好种猪

①选择正规厂家进行引种，并尽量从一个猪场引种　选择适度规模、信誉度高、有《种畜禽生产经营许可证》的正规猪场。选择场家应把种猪的健康状况放在第一位，必要时在购种前进行采血化验，合格后再进行引种。应该尽量从一家猪场选购，否则会增加带病的可能性。选择场家应在间接了解或咨询后，再到场家与销售人员了解情况。值得注意的是有人认为应该从多个猪场进行引种，这样种源多、血缘宽，有利于本场猪群生产性能的改善，但是每个猪场的病原谱差异较大，而且现在疾病多数都呈隐性感染，一旦不同猪场的猪混群后，某些疾病暴发的可能性很大，引种的猪场越多，带来的疫病风险越大。为了安全可靠，一些养猪场引进种猪时要进行实验室检测，要求场家提供免疫记录、免疫保健程序等，因为这样的工作技术性很强，一定要聘请有经验的专业人员把关，少走弯路而保证正确引种。从确保猪群健康的角度出发，引进的种猪必须进行一段时间的隔离饲养，一方面观察其健康状况，适时进行免疫接种，同时适应当地的饲养条件，容易获得成功。

②注意猪场的供种能力　规模猪场购买种猪，并不是一次全部购进，而是根据猪场规模和生产计划，进行多批次购进在标准上基本一致的种猪，这样有利于生产环节的安排。一般来说，如果大批量从一个种猪场购进种猪要求猪场能够保证在 20 周内全

部到场，所选猪均衡分布在20周龄段内，比如200头规模的猪场，算上后备母猪使用率90%，实际需要222头，每周段内必须有11～12头猪。如果从50～70千克开始引种，即一般在小猪13周龄到17周龄引入。同时，在引种时出售种猪的猪场应该有更多的种猪以便进行挑选。

③种猪的系谱要清楚，并符合所更引进品种的外貌特征　引种的同时，对引进种猪进行编号，可以根据猪的耳号和产仔记录找出母亲和父亲，并进一步找出系谱亲缘关系。同时，要保证耳号和种猪编号对应。

④种猪的生产性能要达标　通过猪场的真实生产记录反映其真实的生产性能，如可以查看猪场的配种报表、分娩报表、饲料报酬报表等，同时，还要查看猪场整体的总产仔数、健仔数、死胎、木乃伊胎、初生重、断奶重、断奶数、首配月龄、发情率、流产率等。此外，还有公猪的精液量、活精率、密度、畸形率情况。

标准：平均总产仔10头以上，健仔数8头以上，死胎、木乃伊胎、弱仔、畸形少于1.5头，初生均重大于1.2千克，28日龄断奶重大于7千克，首配月龄不大于9月龄，发情率大于90%。

（2）引种前的准备

①车辆的准备　一般国内购买种猪都是汽车运输，引种前所用汽车要先检查车况，并事先装好猪栏，如果一次引种数量较多，最好使用有分格的猪栏，以免猪多互相挤压，造成不必要的损失。同时要带上苫布以备不时之需。装车前首先要用消毒液对车辆进行彻底消毒，一般用过氧乙酸或者火碱喷洒，如果是经常用来运猪的车辆，应该在去种猪场前冲洗干净，并消毒备用。装车前，需要把一切手续办好，包括货款、检疫证明、车辆消毒证明、免疫卡、系谱、免疫程序、饲料配方、饲养手册等一切带齐，以备查验。如果路途较远，应该在装猪前，将途中猪只饮水

系统配好，必要时安装上自动饮水器及大水桶，猪一两天不吃可以，如果不饮水的话，对猪只很不利。同时，准备一些矿物质及多维素，加入到饮水中，以防因长途运输给猪带来的负面影响。运输途中最好走高速路，同时远离同样拉着牲畜的车辆，不要急刹车，起步要稳，过3～4小时下来看一看猪群情况，把每一头猪用棍赶起来。必要时在加油站给水，热天要冲水降温，冬天要透气。

②猪场内的准备工作　引种前准备好隔离饲养舍。种猪引进后先在隔离舍饲养一段时间。因此在引种前对隔离舍进行清扫、洗刷、消毒，然后晾干备用。引进的种猪要有活动场所，最好是土地面，因为猪天生喜欢拱地，有利于猪的运动，保证肢蹄的健壮。进猪前饮水器及主管道的存水应放干净，并且保证圈舍冬暖夏凉，夏天做好防暑降温工作，冬天要提前给猪舍升温，使舍内温度达到要求，猪舍内湿度控制在65%～75%。准备一些口服补液盐、电解多维、药物及饲料，药物以抗生素为主，预防由于环境及运输应激引起的呼吸系统及消化系统疾病。最好从引种猪场购买一些全价料或预混料，保证有一周的过渡期，有条件的可准备一些青绿多汁饲料，如胡萝卜、南瓜、白菜等。

（3）引种后的注意事项　种猪引进后，要单独饲养，不要与自己本场的猪放在一起，一般隔离30天左右。如果本场猪只健康状况不是很好，在隔离期间要对新引进的种猪打疫苗，或者将本场猪只的粪便放入新猪栏舍内一些，让其自然感染，以免进入生产群后给生产带来损失。隔离观察期间，要注意猪群的变化，如无异常再与原来猪只混群，转入后备猪舍。

10. 猪有哪些杂交模式？

（1）简单杂交　二元杂交或简单杂交是我国养猪生产应用最多的一种杂交方法，特别适合于我国农村的经济条件。一般农户家中饲养本地母猪然后与外种公猪，如长白公猪或约克公猪杂交生产商品育肥猪。随着集约化养猪的发展，可采用外种公猪与外种母猪的二元杂交，如长白公猪与约克母猪或约克公猪与长白母猪。二元杂交方法的优点是简单易行，可获得最大的个体杂种优势，并只需一次配合力测定就可筛选出最佳杂交组合。缺点是父本和母本品种均为纯种。不能利用父体特别是母体的杂种优势，并且杂种的遗传基础不广泛，因而也不能利用多个品种的基因加性互补效应。

（2）多元杂文

①三元杂交　由 3 个品种（系）参加的杂交称为三元杂交。先用 2 个种群杂交，产生的杂种母本再与作为终端父本的第三个种群杂交，产生的三元杂种作为商品育肥猪。三元杂交在现代化养猪业中具有重要作用。在经济条件较好的农村和养猪专业户，常采用本地母猪与外种公猪如长白（L）公猪或约克夏（Y）公猪杂交，生产的杂种母猪再与外种公猪如杜洛克（D）公猪杂交，生产三元杂种育肥猪。在规模化猪场，特别是沿海城市的大型集约化猪场，采用杜洛克公猪配长白与约克夏或约克夏与长白的杂种母猪，来生产商品育肥猪的三元杂交方法相当普遍，并已获得良好的经济效益。三元杂交方法的优点：主要在于它既能获得最大的个体杂种优势，也能获得效果十分显著的母体杂种优势，并且遗传基础也较广泛，可以利用 3 个品种（系）的基因基因加性互补效应。一般三元杂交方法在繁殖性能上的杂种优势率较二元杂交方法高出 1 倍以上。三元杂交的缺点：需要饲养 3 个纯种（系），制种较复杂且时间较长，一般需要二次配合力测定以确定生产二元杂种母本和三元杂种育肥猪的最佳组合，不能利用父体杂种优势。

②四元杂交　四元杂交又称双杂交。用 4 个品种（系）分别两两杂交获得杂种父本和母本，再杂交获得四元杂交的商品育肥猪。在国外，一些养猪企业采用汉普夏（H）与杜洛克的杂种公

猪，配约克夏与长白的杂种母猪，生产四元杂交的商品育肥猪。理论上讲四元杂交的效果应该比二元或三元杂交的效果好，因为四元杂交可以利用多个品种（系）的遗传互补以及个体、母体和父体的最大杂种优势。但许多研究表明，由于猪场规模的限制，特别是由于人工授精技术和水平的不断提高以及广泛应用，使杂种父本的父体杂种优势如配种能力强等不能充分表现出来。另外多饲养一个品种（系）的费用是昂贵的，且制种和组织工作更复杂，加之汉普夏品种的繁殖性能一般，其生产性能并不突出。因此，目前国际上更趋向于应用杜洛克×（约克×长白）的三元杂交。

③轮回杂交　指由 2 个或 3 个品种（系）轮流参加杂交，轮回杂种中部分母猪留作种用，参加下一次轮回杂交，其余杂种均作为商品育肥猪。在国外的养猪生产中，应用较多的是相近品种的轮回杂交，如长白与约克夏猪的二元轮回杂交或称互交。这种杂交方法的主要优点是能充分利用杂种母猪的母体杂种优势，公猪用量减少，并可利用人工授精站的公猪，组织工作简单，疾病传播的风险下降，是一种经济有效的杂交方法。如采用相近品种轮回，每代商品育肥猪的生产性能较一致，可以满足工厂化的生产需求。此方法的缺点是不能利用父体杂种优势和不能充分利用个体杂种优势；两品种（系）轮回杂交其遗传基础不广泛，互补效应有限；每代需更换种公猪（品种）；配合力测定较繁琐。仅一次轮回杂交或轮回公猪为同一品种就是回交。

④正反反复杂交（RRS）　正反反复杂交又称正反反复选择，英文编写是 RRS。基本原理是利用杂种后裔的成绩来选择纯繁亲本，以提高亲本种群的一般配合力，获得杂交后代的最大杂种优势。

RRS 法的步骤是：先用 A 与 B 种群进行正反测定杂交，产生 AB 和 BA 杂种，并根据 AB 杂种的成绩高低，选留 A 种群的公猪和 B 种群的母猪，参加各自 0 世代的纯繁；根据 BA 杂种的成绩，选留 B 种群的公猪和 A 种群的母猪，参加各自 0 后代纯繁，纯繁后代再进行正反测定杂交，根据其杂种成绩，选定一世代的种猪，再进行纯繁。如此测定杂交—选种—纯繁反复进行，从而出杂交效果最好的种猪群。此法在养鸡业上得到应用，取得较好效果。RRS 法特别适合于纯繁成绩与杂交成绩差异很大时，且有利于增加两种群中能产生最大杂种优势基因的频率。RRS 法的缺点是需进行杂种后裔的性能测定，花费大且世代间隔长。

11. 母猪的发情鉴定技术有哪些？

掌握正确的发情鉴定技术，为适时配种提供可靠的依据，是配种获得成功的基础。主要方法主要有观察法、电阻法和压背法。

（1）观察法　观察母猪阴门的外部变化是发情鉴定简便而有效的方法。发现阴门红肿是母猪发情临近的征兆；发现有较清亮、稍黏的液体从阴门流出，是母猪开始进入发情旺期的标志；发现黏液由清变浊，手感滑腻，表示母猪即将排卵，此时为第一次交配（输精）的最适时间；发现黏液逐渐变稠发黏时，表示排卵已到后期，是复配的有利时间。

（2）电阻法　用电阻法测定发情母猪的适宜（输精）时间，比用经验观察更为可靠。电阻法是根据母猪发情时生殖道分泌物增多，盐类和离子结晶物增加，导电率提高，电阻值降低的原理，用总电阻值的高低来反映卵泡发育成熟度，当阴道电阻值降低到最低值时，可认为是适宜交配（输精）的时间。在生产中多次试验的结果是，母猪发情 30 小时后电阻值最低，随后电阻值上升，在母猪发情后 20～48 小时交配（输精），受胎率最高，产仔数最多。

（3）压背法　也是检查发情母猪可否配种的有效方法之一。用双手按压母猪背部，如母猪四肢前后活动，不安静，又哼又叫，这表明尚在发情初期，或者已到了发情后期，不宜配种；如果按压后不哼不叫，四肢叉开，呆立不动，呈现出接受交配姿势，说明发情母猪已到了交配（输精）的适宜时间。

（4）公猪尿液或精液鉴定　母猪发情时，对公猪的气味异常敏感，用公猪尿液或精液蘸在一块布上，放入母猪栏，观察母猪的反应，以鉴定是否发情，或滴少许公猪的尿液或精液于母猪的鼻尖上，如果母猪有深呼吸现象，并站立不动，这正是配种适宜期。

12. 如何调教后备公猪爬跨假母猪采精？

调教青年公猪在假母猪上采精是一件比较困难而又细致的工作。训练人员要有足够耐心，不可操之过急或粗暴地对待公猪，一般未经自然交配过的青年公猪比本交过的年长公猪容易训练。后备公猪7～8月龄时，开始调教其爬跨假母猪采精。每天将待调教的后备公猪温和地赶进采精室内，注意防止公猪逃跑。调教后备公猪爬跨假母猪采精的方法有如下几种。

（1）诱导法　敲击假母猪吸引公猪注意，以诱导其爬跨，同时不断引导公猪靠近假母猪。有时可模仿发情母猪“荷荷”的叫声。每次调教时间约为20分钟，一旦公猪爬跨上假母猪，采精人员应随即进行正确的采精。如果公猪没有爬跨假母猪，应将公猪赶回，第二天同一时间再进行调教。

（2）发情母猪气味法　将发情母猪尿或分泌物涂在假母猪的后部，也可涂上公猪的精液，然后让公猪嗅闻、接触、熟悉假母猪，待其爬跨后从后侧上前采精。长期使用的假母猪因经多头公猪的爬跨，因而不需要专门涂抹气味即可吸引公猪爬跨。

（3）循循善诱法　有些公猪胆小或不爱活动，可用发情母猪尿涂在布上，当把公猪赶入采精室内时，让公猪嗅闻，并逐步诱导其爬上假母猪。

（4）激发性欲法　对性欲较差的公猪可先让其与发情旺盛的经产母猪本交 2～3 次、以激发其性欲，然后再调教其爬跨假母猪。

（5）示范带动法　即用观摩法调教后备公猪，把被调教的公猪放在采精室内的一个限位栏内，让其可以看到被调教成功的公猪的采精过程，以激发其性欲，使其模仿被调教成功的公猪的行为，达到调教的目的。对性欲差的公猪采精前也可将其先放在限位栏中停留片刻，通过观摩提高其性欲。

（6）偷梁换柱法　将一头体型中等，发情旺盛的母猪赶入采精室，母猪背部搭一条麻袋，将待调教公猪赶入采精室。当公猪嗅到发情母猪的气味，爬上母猪后，采精员将其推下，如此两三次，当公猪呼吸急促，急欲爬跨时，取下麻袋挡住公猪视线，悄悄将母猪带走，顺势将麻袋盖在假母猪背上，引导公猪爬跨假母猪。

13. 采精方法有哪些？

（1）手握法　该法是目前广泛使用的一种采精方法。其优点是设备简单，操作方便，缺点是精液容易污染和受冷打击影响。手握法采精的原理是模仿母猪子宫对公猪螺旋阴茎龟头的约束力而引起公猪射精。手握法采精的操作过程：采精员左手戴上消毒的外科乳胶手套，蹲在台猪左侧，待爬跨台猪后，用 1%高锰酸钾溶液将公猪包皮附近洗净消毒，用生理盐水冲洗。然后左手握成空拳，手心向下，于公猪阴茎伸出同时，导入空拳拳内，立即紧紧握住阴茎头部，不让其来回抽动，使龟头微露于拳心 2 厘米，用手指由松到紧有节奏收缩，并用小拇指压迫阴茎，摩擦龟头部，激发公猪的性欲。公猪的阴茎开始做螺旋式的伸缩抽送，做到既不滑落，又不握得过紧，满足猪的交配快感，直到公猪的阴茎向外伸展开始射精。射精时拳心有节奏收缩，并用小拇指刺激阴茎，使充分射精。握得过紧，副性腺分泌物较多，精子则少，影响配种；握得过松，阴茎易滑出拳心，随意乱动，易擦伤流血，影响采精。右手持带有过滤纱布和保温的采精瓶收集精液。公猪的射精过程可分为三个阶段，第一阶段射出少量白色胶状液体，不含精子，不收集。第二阶段射出的是乳白色、精子浓度高的精液，收集精液。第三阶段射出含有精子较少的稀薄精液。公猪射精时间从1～7分钟不等。当公猪第一次射精停止，可按上述办法再次施行压迫阴茎及摩擦龟头，公猪进行第二次、第三次射精，直至射精完成为止。

（2）假阴道法　采用仿母猪阴道条件的人工假阴道，诱导公猪在其中射精而获取公猪精液的方法。假阴道是一桶状结构，主要由外壳、内胎、集精杯及附件组成，猪的假阴道长度为35～38厘米，内径7～8厘米。其原理是模拟母猪阴道内的温度、压力和润滑等三要素，其压力是主要的。假阴道的准备：使用前先将内胎和集精杯彻底洗涤，然后安装内胎、消毒，用漏斗从气嘴的入水孔注入假阴道溶剂2/3的温水并保持其温度（假阴道内38～40℃，集精杯34～35℃），同时借助注水和空气调节的假阴道的压力，通过气嘴送气，使内胎壁口微呈三角的V形为止。在假阴道内胎由外向里长2/3处均匀涂抹消毒过的润滑剂液体石蜡和凡士林。

假阴道法采精时最简单的方法是将假阴道安放在可调节假阴道位置的台猪后躯内，任公猪爬跨台猪而在假阴道内射精。另一种方法是采精员手握假阴道蹲在台猪的右后侧，当公猪爬跨台猪时将假阴道与公猪阴茎伸出方向成一直线，紧靠在台猪臀部右侧，迅速将阴茎导入假阴道内，让阴茎在假阴道内抽动而射精。射精时将假阴道向集精杯一段倾斜，以便精液流入集精杯内。公猪射精完毕从台猪上滑下，假阴道随着公猪阴茎后移，同时将假阴道空气排出，阴茎自行软缩而退出假阴道。假阴道法采精注意事项：①公猪射精只有在阴茎龟头被假阴道所夹住，使公猪安静才能实现。②假阴道要有压力，并且通过双连球有节奏的调节压力，以增加公猪的快感。③公猪射精时间可长达 5～7 分钟，要调节假阴道的角度，防止精液倒流。

公猪的精液中含有 25％～50％的胶状物，因此，应及时用多层纱布或纱网尽快将其过滤，否则这些胶体会吸附液体和精子，使精液的体积很快减少，当然也会使精子数目减少。即便采精时采取射精中段富含精子的部分也是如此。

14. 如何进行精液品质检查？

精液品质检查的目的是了解公猪精子品质的优劣，可以作为精液稀释、保存利用运输的依据，确定其配种负担能力，同时是对公猪饲养水平的检验，也是对公猪生殖器官功能和采精操作技术质量的判定。

（1）精液外观性状检查　主要通过肉眼观察精液的色泽、浑浊度和计量精液量。

①采精量　猪的精液应经过 4～6 层的消毒纱布或离心处理，除去胶状物质后再计量。公猪的精液量平均为 250 毫升，范围在 150～500 毫升。

②色泽　正常猪精液为淡白或浅灰白色、精液乳白程度越高，精子越多。如色泽异常，说明生殖器官有疾病。精液为淡绿色是混有脓液，淡红色精液是混有血液，精液呈淡黄色是混有尿液。颜色异常的精液应废弃，立即停止采精，查明原因，及时治疗。

③气味　正常精液略带有腥味，气味异常的常伴有颜色的变化。有异味的精液不能用于输精，应废弃。

④浑浊度（云雾状）　由于精子运动翻腾滚滚如云雾状，精液浑浊度越大，云雾状越显著，呈乳白色，精子密度和活率越高。因此。根据精液浑浊度可估测精子密度和活率高低。

（2）精子活力检查　精子活力又称活率，是指精液中作直线运动的精子占整个精子数的百分比。

①检查方法　检查精子活力需借助显微镜，放大200～400倍，把精液样品放在镜前观察。取1滴猪原精液或稀释后保存精液于载被片上，盖上盖玻片、放在镜下观察。或者在盖片上放1滴精液，然后将盖片反过来盖于载玻片的凹窝中，即制成悬滴玻片。放在37～38℃显微镜恒温台或保温箱内，400倍观察。低温保存的精液须先升温，并经1.5～2小时轻微振荡充氧才能恢复活动并进行制片观察。观察直线前进运动精子的百分率、精子运动速度和形态。

②评定　评定精子活力多采用0～1.0的10级评分标准，当直线前进运动精子占视野精子的100%，精子活力为1.0；如有80%精子作直线前进运动，精子活力为0.8；如有50%的精子作直线前进运动，精子活力为0.5，以此类推。为保证较高的受精率，猪新鲜精液活力一般为0.7～0.8，液态保存精液一般在0.6以上，冷冻保存精液在0.3以上，方可输精。

（3）精子密度的检查　精子密度是指单位体积（1毫升）的精液中含有的精子数。该项指标为精液品质评定的重要指标，精子密度大，稀释倍数高，可增加配种母猪数。测定精子密度的方法有估测法、血球计数法和光电比色计测定法等。

①估测法　本法常与检查精子活力同时进行，根据显微镜下精子的稠密和稀疏程度，划分力稠密、中等、稀薄三个等级。猪精子密度一般较稀，平均每毫升为1亿～2亿个精子、所以每毫升精液中精子数在3亿以上的为密，2亿左有为中等，1亿左右为稀。

②血细胞计数法　采用白细胞计数法定期对公猪的精液进行检查，可准确地测定单位体积精液中的精子数。

操作方法：先用白细胞管吸取精液至0.5刻度处（稀释20倍）或1.0刻度处（稀释10倍），再吸取3%NaCl溶液至吸管的

11 刻度处，用拇指和食指分别按住管的两头摇匀，弃去管尖端的精液 2～3 滴，然后慢慢地沿计算板与盖片边缘间隙让其自流少许，以溢满 0.1 毫升的计算室为准，不能有气泡。先用低倍镜找到 400 个小格组成的 25 个中方格的计数室，面积为 1 毫米^2，再用高倍镜找中方格，计算四角及中间共 5 个小方格中的精子数。每个中方格由 16 个小方格组成。压在中方格线上精子计上不计下，计左不计右。

每毫升精液中所含有精子数＝5 个中方格精子数×1000000

③光电比色计测定法　首先将原精液稀释为不同比例，并用血细胞计数法计算其精子密度，制成标准管，用光电比色计测定其透光度，根据不向精子密度标准管的透光度，求出每相差 1％透光度的级差精子数，制成精子查数表。测定精液试样时，将原精液按一定比例稀释，根据其透光度查精子查数表，即得精液试样的精子密度。

（4）精子形态　精子形态与受精率密切相关，精液中含有大量畸形精子和顶体异常精子，其受精力会大大降低。为了保证受胎率，必须检查精子的形态结构。

精子畸形一般分为 4 类：一是头部畸形，如头部巨大、瘦小、圆形、轮廓不明显、皱缩、缺损、双头等；二是颈部畸形，如颈部膨大、纤细、曲折、不全、带有原生质滴、双颈等；三是尾部畸形，如弯曲、曲折、回旋、短小、缺损、双尾等；四是顶体异常，如顶体不完全、异形等。正常精液中的畸形精子率不超过 18％。

检查方法：取少量精液迅速做成抹片，用红（蓝）墨水染色 3 分钟，水洗干燥后，在 600 倍以上显微镜下观察。检查总精子数不少于 200 个，并计算出畸形精子百分率。

（5）其他检查

①精子存活时间和存活指数检查　精子存活时间是指精子在体外的总生存时间，检查时将精液置于 0℃或 37℃下，每隔 2 小

时进行一次观察，并记录该时间的精子活率，直至无活动精子为止，所需的总小时数为存活时间；存活指数是指相近两次检查的平均活率与间隔时间的积相加总和，精子存活时间越长，指数越大，说明精子生活力强，品质好。

②pH　猪的新鲜精液 pH 为 7.4～7.5，pH 偏低的精液品质较好，偏高则受精力、生活力和保存效果显著降低。用万能试纸比色或用电动比色计测定。

③美蓝褪色试验　美蓝是一种氧化还原指示剂，氧化时呈蓝色，被还原时入色。精子在美蓝溶液中，由于精子去氢酶在呼吸时氧化脱氢，美蓝获氢离子后便使蓝色还原为无色。根据美蓝褪色时间测知精液中存活精子数量的多少，判定精子的活率和密度的高低。

检查方法：用精液 4 份与 0.02%美蓝溶液 1 份混合，装入 1 毫升试管内，以石蜡封口，放在 25～40℃的温度下观察褪色时间。

④精液果糖分解测定　精液果糖分解能力与精子活力密切相关，因此本项测定可作为精子活力评定指标。通常用 1 亿精子在 37℃厌氧条件下每小时消耗果糖的毫克数表示。

检查方法：在厌氧情况下把一定量的精液（如 0.5 毫升）置于 37℃的恒温箱中 3 小时，每隔 1 小时取出 0.1 毫升精液样本进行果糖测定，将结果与放入恒温箱前比较，最后计算出果糖分解系数。

15. 对人工授精有哪些错误认识?

（1）自然交配（本交）比人工授精受胎率高，窝产仔数也多　如果人工授精时间与输精量恰当适宜，受胎率不会比自然交配差，但要注意人工授精管理和操作细节上出现失误。

（2）人工授精容易导致母猪产弱仔和发生子宫炎　在人工授

精和自然交配前均应对母猪阴户等部位进行消毒，先用干净的棉布蘸0.1%高锰酸钾溶液擦拭，再用消毒纸巾擦净。绝不要擦阴道内部，除非阴道内遭到污染。输精管也应清洗消毒。如果严格消毒，事实上人工授精的母猪子宫炎发生率比自然交配还要低，另外，精液的稀释液中加有抗生素，有利于预防子宫炎的发生。

（3）人工授精比本交麻烦　人工授精其实具有灵活、方便、适时、经济、有效的特点。

（4）温度混淆　从17℃精液保存箱中取出的精液，无需升温至37℃，摇匀后可直接输精，但要检查精子活力时应该将玻片预热至37℃，这样检查才准确。另外，精液在恒温箱内保存过程中，为防止精子沉淀凝聚死亡，应每隔一段时间（8～12小时）进行1次倒置或轻轻地摇动。从恒温箱中取出精液后，应及时输送到母猪体内，最长不超过2小时。

（5）配种次数越多越好，人工输精量越大越好　殊不知，配种次数过多易增加母猪生殖道感染的机会，人工输精量大不仅浪费精液，而且增加成本。输精次数要适宜，间隔8～12小时后可以再输1次；每次输精量在60～80毫升，输精次数和输精量均视母猪品种而定。地方品种母猪，每情期输精1～2次，每次60毫升；50%外血母猪，每情期输精2～3次，每次80毫升；洋二元母猪，每情期一般输精3次，每次80毫升。

（6）强行输精　母猪不接受压背，则不能强行输精。不能用注射器抽取精液通过输精管直接向母猪子宫内推注精液，而应通过仿生输精让母猪子宫收缩产生的负压自然将精液吸入到子宫深处。输精前，可在消毒好的输精器前端涂抹菜油或豆油起润滑作用。输精器插入后，应在4厘米左右幅度内来回慢慢抽动输精器，全方位刺激母猪生殖器官，使子宫收缩，在子宫颈内口形成吸力。当发现精液瓶内冒气泡时，暂停抽动，让精液吸入。当精液开始吸入时，用手同时刺激母猪阴部。

（7）精液输完，立即拔出输精管　精液输完后应防母猪立即躺下，导致精液倒流，并通过按摩母猪乳房或按压母猪背部或抚摸母猪外阴部继续刺激母猪 5 分钟左右；精液输完后，输精管应滞留在生殖道内 3～5 分钟，让输精管慢慢滑落。输精后几小时内不要去打扰母猪休息，避免不利因素的出现对母猪产生应激。

（8）母猪喂料后马上进行输精操作　母猪吃料后，不愿走动，性欲降低，不易受孕。输精后，也不要马上给母猪喂料、饮水。

二、猪的营养与饲料配制技术

16. 猪需要哪些营养物质？

（1）猪及其饲料的元素构成

①主要元素　包括碳、氢、氧和氮四种元素，它们占猪机体的90％以上。主要以复杂的高分子化合物的形式存在，构成猪机体各组织器官的整体结构和形态，如蛋白质、脂肪、碳水化合物、核酸，以及对猪机体功能具有调节作用的激素、酶和维生素等。

②常量元素或称大量元素　主要包括钙、磷、钠、钾、氮、硫、镁等。这些元素在猪体内的含量在百分之几到万分之几，除硫以外，它们都是以无机形式存在，如钙、磷、镁是构成骨骼和牙齿的主要组分，钾、钠、氮分布于体液中；硫则主要存在于蛋白质巯基中（-SH）。

③微量元素　如铁、铜、锌、碘、锰、钴、硒。这些元素在猪体内的含量为十万分之几至千万分之几，是维持生命和生产所必需的。如铁是血红蛋白的组分，承担猪体内氧气的运输功能；铜能促进造血；钴是维生素 B_{12} 的组分等。除此之外，氟、铬、锡、砷、钼、锶等很多元素也是猪所必需的，但它们中有的在自然界中含量较高，猪通过摄食和饮水即可满足甚至超过需要量，如钼、氟等；另一些元素动物的需要量甚微，稍微过量还可中毒，在实际生产中应高度重视。

还有一些元素，如硼、铅等也可在猪体内发现，但其作用尚未弄清楚。

（2）猪需要的概略养分

①水分 猪机体和饲料中均含有水分，但猪生理阶段不同，饲料种类不同，其含量差异很大（表1）。构成机体和饲料的水分有两种存在形式，一种存在于体细胞间，与细胞结合不紧密，容易挥发，故又称之为游离水；另一种则与细胞内的胶体物质紧密结合，形成胶体外面的水膜，较难挥发，故称之为结合水。水是猪机体一切细胞和组织的必需构成成分，在机体所有化合物中，水的比例最大。水分布于各种组织、器官和体液中，体液以细胞膜为界，分为细胞内液和细胞外液，在健康猪机体中，细胞内液占体液的2/3，主要存在于肌肉和皮肤细胞中，细胞外液主要指血浆和间质液，约占体液的1/3，细胞内液、间质液和血浆之间的水不断进行着交换，保持动态平衡。

②粗灰分 粗灰分是指动植物体所有物质全部氧化后剩余的残渣，即动植物体燃烧后的灰分，主要为钙、磷、钠、钾、镁等矿物质的氧化物或盐类。在实际测定时，有时还含有少量泥沙，故称之为粗灰分或矿物质。

表1 猪的机体及常用植物性饲料的化学成分（%）

种类	水分	蛋白质	脂肪	无氮浸出物	粗纤维	碳水化合物	灰分
玉米籽实	14.6	7.7	3.9	70.0	2.5	72.5	1.3
苜蓿干草	10.6	15.8	2.0	41.2	25.0	66.2	4.5
大豆籽实	9.1	37.9	17.4	25.3	5.4	30.7	4.9
小麦整粒	10.1	11.3	2.2	66.4	8.0	74.4	10.1
仔猪（体重8千克）	73	17	6				3.4
中猪（体重30千克）	60	13	24				2.5
成年猪（体重100千克）	49	12	36				2.6

③粗蛋白质 粗蛋白质是指机体或饲料中一切含氮物质的总称。在含氮化合物中，蛋白质不是唯一含氮物质，核酸、游离氨

基酸、铵盐等不是蛋白质，但它们也含有氮，为此将蛋白质分为两部分，即是纯蛋白质（又叫真蛋白质）和非蛋白氮化合物。在自然界中存在的其蛋白质中，含氮量平均为16%。因此，在常规饲料分析法中规定，用含氮量乘以6.25（N%×6.25）来计算粗蛋白质含量。

④粗脂肪　脂肪是指机体及饲料中油脂类物质的总称，包括真脂肪即甘油三酯和类脂两类。在营养学研究规定的饲料分析方案中，是用乙醚浸提脂类物质，把色素、脂溶性维生素等非油脂类物质也包含在其中，故称之为粗脂肪或称醚浸出物。

⑤粗纤维　粗纤维由纤维素、半纤维素、多缩戊糖、木质素等组成，是植物细胞壁的主要成分，猪体内不含有粗纤维。粗纤维在化学性质和构成上均不一致，纤维素可称之为真纤维，其化学性质稳定。半纤维素和多缩戊糖主要由单糖及其衍生物构成，但含有不同比例的非糖性质的分子结构。猪对纤维素、半纤维素、多缩戊糖的消化利用率很低。木质素则是最稳定、最坚韧的物质，不属于糖，化学结构极为复杂，至今尚未弄清楚，但其对猪无任何营养价值。

⑥无氮浸出物　饲料中除去水、粗灰分、粗蛋白质、粗脂肪和粗纤维以外的有机物质的总称，主要包括多糖、双糖和单糖。猪体内无氮浸出物含量很少，植物饲料中含量高，主要成分是淀粉。无氮浸出物又称易消化碳水化合物，猪的消化利用率很高。常想饲料分析不能测定无氮浸出物含量，通常是用有机物与粗蛋白质、粗纤维和粗脂肪之差来计算。

（3）猪需要的纯养分　猪营养与饲料科学发展至今，研究内容已进入较深的层次和领域，对猪营养物质需要量的衡量和饲料营养价值的评判，已不仅仅沿用六大概略养分，而是已深入到某些最基本的物质和元素，如蛋白质的研究已不单单从其总量上考虑，而是已应用到了蛋白质种类及其基本构成单位——氨基酸。对于微量元素、维生素和氨基酸，不仅仅研究其自身的营养价值，而且已弄清了它们彼此间的相互关系，酶、激素和微生态制剂已开始用来改善猪的营养代谢。迄今为止，已发现对猪必需的营养物质有50多种。

17. 猪的营养生理特点是什么？

（1）猪的消化道结构及其功能　猪对营养物质的消化吸收过程是通过消化器官、消化腺体、消化液和神经调节整体稳恒控制完成的。消化器官主要由口腔、咽与食道、胃、小肠、大肠组成。消化液主要指唾液、胃液、肠液、胰液、胆汁等。消化的调节则是由激素和神经系统共同完成。

①口腔　由唇、颊、硬腭、下颌骨、舌、齿等器官构成。口腔消化由摄取食物开始，食物进入口腔后，经过咀嚼，混入唾液，然后吞咽。口腔前端以口裂与外界相通，后端通咽。口腔内面（除齿外）衬有黏膜，黏膜较厚，富有血管。口腔黏膜上有唾液腺的开口。口腔是消化系统的起始部，具有采食、搅拌食物、吸吮、泌涎、味觉、咀嚼和吞咽等功能。

②咽　咽是呈漏斗状的肌肉囊，为消化、呼吸的共同通道，位于口腔和鼻腔的后方，喉和食管的前上方。

③食道　食道是连接口腔和胃的一个肌肉发达的管道，食道的作用是直接把食物通过胸腔送入胃内，而不影响胸部器官的正常功能。

④胃　位于腹腔内，在膈和肝的后方，前端以贲门接食管，后端以幽门与十二指肠相通。目有暂时贮存食物、分泌胃液、进行初步消化和推送食物进入十二指肠等功能。猪胃壁黏膜分为有腺部和无腺部，有腺部黏膜根据腺体不同分为贲门腺区、胃底腺区和幽门腺区，胃底腺是分泌消化液的主要腺体。无腺部靠近贲门，无消化腺，不分泌消化液。整个胃黏膜表面还分布黏液细胞，分泌黏液形成保护层，防止黏膜受胃酸的侵蚀。目的主要功

能是通过胃壁的紧张性收缩和蠕动将猪在胃内的食物与胃液充分混合，使食团变成半流体的食糜，便于化学性消化，并使胃内容物通过幽门向十二指肠移动。

⑤肠　肠起自幽门，止于肛门，可分小肠和大肠两部分，其中小肠分为十二指肠、空肠和回肠三部分，大肠又分为盲肠、结肠和直肠三段。

A. 小肠　小肠是肠中最长的部分，管径较小，肠壁黏膜形成许多环行的褶和微细肠绒毛，突入肠腔中，以增加与食物接触的面积。小肠的消化腺很发达，有壁内腺和壁外腺两大类。壁内腺有肠黏膜的肠腺和十二指肠黏膜下层的十二指肠腺，壁外腺有肝、胰分泌的胆汁和胰液由导管通入。消化腺的分泌物中含有多种酶，能消化各种营养物质。十二指肠是小肠的第一段，较短，肝管和胰管即开口于此。空肠是小肠中最长的一段，也是食物消化和营养物质吸收的重要场所。回肠是小肠末段，较短，肠壁较厚，其末端开口于盲肠和盲结肠交界处。

B. 大肠　大肠黏膜中的腺体分泌碱性、黏稠的消化液，其中含有消化酶甚少。所以大肠内的消化主要靠随食糜带来的小肠消化酶和微生物的作用。食糜经过消化和吸收后，其中的残余部分进入大肠的后段。在这里，水分被大量吸收，大肠的内容物逐渐浓缩而形成粪便。

（2）猪的消化液及其功能

①唾液及其在消化中的主要作用　唾液是腮腺、颌下腺和舌下腺三对主要唾液腺和口腔黏膜中许多小腺体分泌的混合液。唾液分为浆液型、黏液型和混合型三类。唾液为无色透明的液体，呈弱碱性。

唾液的主要作用：唾液含有大量的水分，可湿润饲料，便于咀嚼和吞咽，同时唾液溶解食物中某些可溶物质，从而引起味觉，促进消化液的分泌；唾液中的黏蛋白富有黏性，有助于咀嚼和吞咽，猪的唾液含少量淀粉酶，在适宜环境下将淀粉分解为麦芽糖。

②胃液的成分及其在消化中的主要作用　胃液是由胃黏膜分泌的透明、淡黄色液体，pH 为 0.5～1.5。胃液主要由水、盐酸、胃蛋白酶原、黏液和内在因子组成。

A. 胃酸　激活胃蛋白酶原，产生胃蛋白酶；维持胃内酸性，为胃内消化酶提供适宜环境，并使钙、铁等矿物质元素游离，易于吸收；杀死食物中带入的微生物；造成蛋白质变性，易被消化酶分解。

B. 胃蛋白酶　将蛋白质分解成简单的肽，主要作用于苯丙氨酸和酪氨酸的肽键。

C. 黏液　主要成分为糖蛋白。具有润滑作用，食物易于通过；保护胃黏膜不受食物机械损伤；黏液偏碱性，降低黏膜层酸度，防止酸和酶对黏膜的消化。

D　内在因子　由细胞壁分泌的一种黏蛋白，可与维生素 B_{12} 结合成复合物，促进肠壁上皮对维生素 B_{12} 吸收。

③胰液及其在消化中的主要作用　胰液由胰腺分泌通过胰管，与胆管合并，由胆管口分泌入十二指肠。胰液为无色、无臭、弱碱性液体，pH 为 7.8～8.4，主要由水分、无机盐和酶组成。胰液的酶种类多，作用强，在消化中起主要作用。胰淀粉酶主要分解 α-淀粉；胰脂肪酶类将脂类分解成甘油一酯和游离脂肪酸；胰蛋白酶类主要是多种蛋白酶原，在肠激酶作用下激活，将蛋白质、肽分解成游离氨基酸。胰液的碱性无机盐可中和胃酸，以维持肠内适宜的酸碱度，保护肠壁。

④胆汁及其在消化中的主要作用　胆汁由肝细胞合成，在胆囊中贮存、浓缩后，经由胆管排入十二指肠。胆汁为金黄色、味苦、浓稠状液体，主要由水、钠、钾、钙等矿物质，及胆盐、胆色素、脂肪酸、磷脂、胆固醇、黏蛋白等组成。其主要作用为：激活胰脂肪酶；胆盐、类脂可乳化脂肪，形成脂肪小球；胆盐与甘油一酯、游离脂肪酸形成复合物，促进脂肪吸收；间接促进脂溶性维生素的吸收；胆固醇排泄途径之一。

⑤小肠液及其在消化中的主要作用　小肠液由十二指肠细胞分泌，弱碱性，pH 为 7.6。主要活性物质是各种酶类，对低分子蛋白质、糖进行彻底消化，使之成为直接吸收的小分子化合物，如氨基肽酶、α-糊精酶、麦芽糖酶、乳糖酶、蔗糖酶、碳酸酶、肠激酶等。

（3）猪的后段消化道微生物及其功能

①共生微生物　猪的后段消化道通常给微生物生长提供一个理想的温度、湿度和营养环境。由于这些微生物能酶解纤维素和有关化合物，从而提高粗饲料对猪的营养价值。

②碳水化合物的降解　未消化碳水化合物在猪的后段消化道内主要由厌氧细菌发酵产生出挥发性脂肪酸，主要是乙酸、丙酸和丁酸。挥发性脂肪酸可部分由肠壁吸收，为猪提供一定的能量来源。

③微生物蛋白质的合成　细菌和其他微生物为了生活繁殖。利用寄主吃进饲料，猪的前段消化道内未吸收的氮源，可用于合成微生物所需的蛋白质。细菌蛋白质进一步消化，被寄主以氨基酸的形式部分由肠壁吸收，为猪提供一定的蛋白质来源。

④B 族维生素的合成　正如微生物能够合成蛋白质一样，在猪的后段消化道内，还能合成多种寄主所需的维生素，如核黄素、烟酸、吡哆醇（维生素 B_6）、生物素、泛酸以及维生意 B_{12} 等 B 族维生素，而且能满足猪的部分需要。某些维生素的合成速度受某些营养素含量的影响，如日粮中缺钴，维生素 B_{12} 的合成速度就慢；维生素 K 是一种脂溶性维生素，它也能在猪的后段消化道内合成。但是，需要注意的是维生素的合成是在猪的后段消化道内，很快就合通过消化道排出体外，从而导致猪对 B 族维生素的吸收量很有限。

18. 猪对饲料的消化方式有哪些？

（1）物理性消化　物理消化主要靠口腔内牙齿和消化道管壁

的肌肉把饲料撕碎、磨烂、压扁，有利于在消化道内形成多水的食糜，为胃肠中的化学性消化（主要是酶的消化）、微生物消化做好准备。同时，通过消化管壁的运动，把食糜研磨、搅拌，并从一个部位运送到另一个部位。口腔是猪主要的物理消化器官，对改变饲料粒度有一定的作用。

（2）化学消化　猪对饲料的化学消化主要是酶的消化。酶的消化是高等动物主要的消化方式，是饲料变成动物能吸收的营养物质的一个过程，不同种类动物酶消化特点明显不同。高等动物消化系统分化完全，消化液分泌较多。猪各部位消化酶分泌的特点、消化液的来源、消化酶的种类、前体物、致活物和分解饲料中营养物质的种类、终产物，见表2。

表2　猪消化道的主要酶类

来源	酶	前体物	激活物	底物	终产物
唾液	唾液淀粉酶			淀粉	糊精、麦芽糖
胃液	胃蛋白酶	胃蛋白酶原	盐酸	蛋白质	肽
胃液	凝乳酶	凝乳酶原	盐酸、活化钙	乳中酪蛋白	凝结乳
胰液	胰蛋白酶	胰蛋白酶原	肠激酶	蛋白质	肽
胰液	糜蛋白酶	糜蛋白酶原	胰蛋白酶	蛋白质	肽
胰液	羧肽酶	羧肽酶原	胰蛋白酶	肽	氨基酸、小肽
胰液	氨基肽酶	氨基肽酶原		肽	氨基酸
胰液	胰脂酶			脂肪	甘油、脂肪酸
胰液	胰麦芽糖酶			麦芽糖	葡萄糖
胰液	蔗糖酶			蔗糖	葡萄糖、果糖
胰液	淀粉酶			淀粉	糊精、麦芽糖
胰液	胰核酸酶			核酸	核苷酸
肠液	氨基肽酶			肽	氨基酸
肠液	双肽酶			肽	氨基酸
肠液	麦芽糖酶			麦芽糖	葡萄糖
肠液	乳糖酶			乳糖	葡萄糖、半乳糖
肠液	蔗糖酶			蔗糖	葡萄糖、果糖
肠液	核酸酶			核酸	核苷酸
肠液	核苷酸酶			核酸	核苷、磷酸

（3）微生物消化　消化道微生物在猪消化过程中起着积极的、不可忽视的作用。这种作用使猪能利用一定程度的粗饲料。猪的微生物消化场所主要在盲肠和大肠。微生物消化的最大特点是，可将大量不能被寄主直接利用的物质转化成能被寄主利用的高质量的营养素。但在微生物消化过程中，也有一定量营养物质被微生物发酵损失，特别是能量。猪的盲肠和大肠微生物能分泌蛋白酶、半纤维素酶和纤维素酶等。这些酶将饲料中糖类和蛋白质充分分解成挥发性脂肪酸、NH_3等物质，同时微生物发酵也产生 CH_4、CO_2、H_2、O_2、N_2等气体。

19. 猪对饲料的消化力与可消化性有何区别，如何计算？

猪消化饲料中营养物质的能力称为猪的消化力。饲料被猪消化的性质或程度称为饲料的可消化性。饲料的可消化性和动物的消化力是营养物质消化过程中不可分割的两个方面。消化率是衡量饲料可消化性和消化力这两个方面的统一指标，它是饲料中可消化养分占食入饲料养分的百分率，计算公式如下：

饲料中可消化养分＝食入饲料中养分－粪中养分

饲料某养分消化率＝［(食入饲料中某养分－粪中某养分）/食入饲料中某养分］×100％

因粪中所含各种养分并非全部来自饲料，有少量来自消化道分泌的消化液、肠道脱落细胞、肠道微生物等内源性产物，故上述公式计算的消化率称为表现消化率。

分析动物对饲料中各种养分的消化过程及其产物表明：①饲料中蛋白质的表现消化率小于真实消化率，因为表现消化率计算中把来源于消化道的代谢蛋白质、消化酶和肠道微生物等视为未消化的饲料蛋白质，造成计算粪中排出蛋白质的量与真实情况不符；②饲料脂肪含量少，测定表现消化率易受代谢来源的脂肪和分析误差掩盖，测定值有波动；③饲料矿物质的消化率，更易受消化道来源的代谢矿物质循环利用的影响，所以，矿物质应采用真实消化率。饲料中某养分的真实消化率可采用下式进行计算：

真实消化率＝｛［食入饲料中某养分－（粪中某养分－消化道来源物中某养分）］/食入饲料中某养分｝×100%

同一种饲料在猪的不同生理阶段，消化率不同；不同种类的饲料，即使在猪的同一生理阶段，消化率也不同，不同动物之间，消化率差别更大。

20. 如何识别掺假鱼粉？

鱼粉是优质的蛋白质补充饲料，粗蛋白质含量高达50%～65%，并且氨基酸种类齐全，赖氨酸含量丰富，磷、钙含量高，铁和碘的含量也高，并且含丰富的维生素A、维生素D、维生素B_{12}和未知生长因子。但是，目前有些供应商为了赚钱，常常在鱼粉中掺入沙土、稻糠、贝壳粉、尿素、虾壳粉、蟹壳粉、棉籽饼、菜籽饼、羽毛粉、血粉等。这些鱼粉通过常规化学分析，粗蛋白质含量仍很高，但由于掺假成分的影响，其消化利用率及饲料营养价值很低。因此，如何判断鱼粉是否掺假是饲料生产单位和动物养殖单位极为关注的问题。

鉴别鱼粉是否掺假，一般采用感官鉴定、物理检验和化学分析3种方法。

（1）感官鉴别　优质鱼粉多为棕黄色或黄褐色，粉状或颗粒状，细度均匀，表面干燥无油腻，用手捻感觉到质地柔软，呈肉松状。优质鱼粉可见细长的肌肉束、鱼骨、鱼肉块等，具有较浓烤鱼香味，略带鱼腥味。而掺假鱼粉多为灰白色或灰黄色，极细，均匀度差，手捻感到粗糙，纤维状物较多，粗看似灰渣，鱼味不香，腥味较浓。掺假的原料不同就带有不同的异味，如掺入尿素就略有氨味，掺入油脂就略有油脂味。

（2）物理检验

①体视显微镜鉴别　优质鱼粉在体现显微镜下明显可见鱼肌肉束、鱼骨、鱼鳞片和鱼眼等。鱼肉镜下表面粗糙，具有纤维结构，类似肉粉，只是颜色浅。鱼骨为半透明至不透明的银色体，一些鱼骨块呈琥珀色，其空隙呈深色的流线型波状线段，似链状葡萄枝，从根部沿着整个边缘向上伸出。鱼鳞为平坦或弯曲的透明物，有同心圆，以深色和浅色交替排布。鱼鳞表面有轻微的十字架。鱼鳞表面破裂，形成乳白色的玻璃珠。在鱼粉中有和以上特征相差较远的其他颗粒或粉状物多为掺假物，可根据掺假物的显微特征进行鉴别。

②水浸泡法鉴别　此法用于对鱼粉中掺麦麸、花生壳粉、稻壳粉及沙的鉴别，其方法是将样品2～4克加水100毫升左右，搅拌后静置数分钟。麦麸、花生壳粉、稻壳粉一般浮在上面，鱼粉则沉入水底；如有沙分，鱼粉和沙都沉于底部，轻轻搅拌后鱼粉稍浮起旋转，而沙分在底部也有旋转。

③容重法鉴别　粒度为1.5毫米的纯鱼粉，容重550～600克/升。如果容重偏大或偏小，均不是纯鱼粉。

（3）化学分析　通过常规分析各项指标可以准确鉴别鱼粉的真伪。如掺有尿素的鱼粉，测定的粗蛋白质含量很高，但真蛋白质含量却很低；掺入植物蛋白后，真蛋白质含量虽然很高，但脂肪和淀粉含量又相对增加；掺入风化土，灰分就会增加。

快速鉴定方法如下：

①鱼粉粗蛋白质和真蛋白质含量的分析　有分析表明，正常国产鱼粉的粗蛋白质含量为49.0%～61.9%，真蛋白质40.7%～55.4%，真蛋白质占粗蛋白质79.4%～91.9%。初步认为真蛋白质占粗蛋白质80%可作为判断鱼粉是否掺有高氮化合物的依据之一。高于该值即没有掺入高氮化合物。粗蛋白质测定采用凯氏定氮法，真蛋白质测定采用硫酸铜沉淀法。

②鱼粉中粗灰分和钙、磷比例的分析　全鱼鱼粉的粗灰分含

量为16%～20%，如果鱼粉中掺入贝壳粉；骨粉、细沙等，则粗灰分含量明显增加。优质鱼粉的钙、磷比例一般为（1.5～2）：1（多在1.5：1左右）。若鱼粉中掺入石粉、细沙、泥土、贝壳粉等的比例较大时，则鱼粉中钙、磷比例增大。

③鱼粉中粗纤维和淀粉的分析　鱼粉中粗纤维含量极少，优质鱼粉一般不超过0.5%，并且鱼粉中不含淀粉。如果鱼粉中混入稻壳粉、棉子饼（粕）等物质，则粗纤维含量势必大幅度增加。若混入玉米粉等富含淀粉的物质，则无氮浸出物含量大大增加。

如果怀疑鱼粉中掺有纤维类物质，可用下述检验方法：取样品2～5克，分别用1.25%硫酸溶液和12.5克/升氢氧化钠溶液煮沸过滤，干燥后称重。

如果怀疑掺有淀粉可用碘-碘化钾反应来鉴定，其方法是：取试样2～3克置于烧杯中，加入2～3倍水后，加热1分钟，冷却后滴加碘-碘化钾溶液（取碘化钾5克，溶于100毫升水中，再加碘2克）。如果鱼粉中掺有淀粉类物质，则颜色变蓝，随掺入量的增加，颜色由蓝变紫。

④鱼粉中掺杂锯末（木质素）的分析，可用2种方法分析。

方法一：将少量鱼粉置于培养皿中，加入95%乙醇浸泡样品，再滴入几滴浓盐酸，若出现深红色，加水后该物质浮在水面，说明鱼粉中掺有锯末类物质。

方法二：称取鱼粉1～2克置于试管中，再加入20克/升间苯三酚95%乙醇溶液10毫升，滴入数滴浓盐酸，观察样品的颜色变化，如其中有红色颗粒产生，则为木质素，说明鱼粉中掺有锯末类物质。

⑤鱼粉中掺入碳酸钙粉、石粉、贝壳粉和蛋壳粉的分析　可利用盐酸对碳酸盐产生CO_2的反应来判断。取试样1克，放在烧杯中，加入2毫升的盐酸溶液，混摇，有气泡上浮，就说明掺入了上述物质。

⑥鱼粉中皮革粉的分析　可以利用钼酸铵浸泡鱼粉观察有无颜色变化来分析，无色为皮革粉，呈绿色为鱼粉。钼酸铵溶液的配制方法是：称取5克钼酸铵，溶解于100毫升水中，再加入35毫升浓硝酸即可。

另一种方法是称取2克鱼粉样品置于坩埚中，经高温灰化，冷却后用水浸润，加入1摩尔/升硫酸溶液10毫升，使之呈酸性。滴加数滴二苯基卡巴腙溶液（二苯基卡巴腙溶液的配制：称取0.28二苯基卡巴腙，溶解于100毫升90%乙醇中），如有紫红色物质产生，则有铬存在，说明鱼粉中有皮革粉。该方法的原理是在皮革鞣制过程中，采用铬制剂，灰化后，有一部分转变为六价铬，在强酸溶液中，六价铬与二苯基卡巴腙反应，生成紫红色的水溶性二硫代卡巴腙化合物。

⑦鱼粉中掺羽毛粉的分析　称取约1克试样于2个500毫升三角烧杯中，一个加入1.25%硫酸溶液100毫升，另一个加入50克/升氢氧化钠溶液100毫升，煮沸30分钟后静置，吸去上清液，将残渣放在50～100倍显微镜下观察。如果有羽毛粉，用1.25%硫酸溶液处理的残渣在显微镜下会有一种特殊形状，而50克/升氢氧化钠溶液处理后的残渣没有这种特殊形状。

⑧鱼粉中掺入血粉的分析　取被检鱼粉1～2克于试管中，加入5毫升水，搅拌，静置数分钟。另取一支试管，先加联苯胺粉末少许，然后加入2毫升冰乙酸，振荡溶解，在加入1～2毫升过氧化氢，将被检鱼粉的滤液徐徐注入其中。如两液接触面出现绿色或蓝色的环或点，表明鱼粉中含有血粉，反之，就不含血粉。

如不用滤液，也可用被检鱼粉直接徐徐注入溶液面上，在液面上及液面以下可见绿色或蓝色的环或柱，表明有血粉掺入，否则就没有血粉掺入。该方法的原理是鱼粉中铁质有类似过氧化酶的作用，可分解过氧化氢，放出新生态氧，使联苯胺氧化为联苯胺蓝，呈绿色或蓝色。所用试剂需现配现用。

⑨鱼粉中掺尿素、铵盐的分析

方法一：取两份 1.5 克鱼粉于两支试管中，其中一支加入少许黄豆粉，两管各加水 5 毫升，振荡摇匀后，置 60～70℃恒温水浴中 3 分钟，滴 6～7 滴甲基红指示剂。若加黄豆粉的试管中出现深紫红色，则说明鱼粉中有尿素。

方法二：称取 10 克鱼粉样品，置于 150 毫升三角瓶中，加入 50 毫升水，加塞用力振荡 2～3 分钟，静置，过滤。取滤液 5 毫升，于 20 毫升的试管中，将试管在酒精灯上加热灼烧，当溶液蒸干时，可嗅到强烈的氨臭味。同时把湿润的 pH 试纸放在管口处，试纸立即变成红色，此时 pH 接近 14。如果是纯鱼粉就没有强烈的氨臭味，置于管口处的 pH 试纸稍有碱性反应，显微蓝色，离开管口处则慢慢褪去。

取待检鱼粉样品 1～2 克于 250 毫升烧杯中，加水 25～50 毫升，混合均匀后，静置 20 分钟，以便使掺入的铵盐充分溶于水，备用。另取一支试管，加奈氏试剂 2 毫升，然后沿试管壁用滴管滴加上述试样溶液 1～2 滴，液面立即出现棕红色环，表明有铵盐掺入。若出现白色或黄色环，可怀疑有尿素掺入，再用脲酶法进行进一步鉴别。

奈氏试剂的配制：称取碘化钾 5 克，加水 5 毫升，边搅拌边滴加 250 克/升氯化汞饱和溶液至稍有红色沉淀出现。再加 500 克/升氢氧化钠溶液 40 毫升，最后用水稀释至 100 毫升，混匀后于棕色试剂瓶中保存、备用。

⑩鱼粉中掺入双缩脲的分析　称取鱼粉试样 2 克，加 20 毫升水，充分搅拌，静置 10 分钟，干燥滤纸过滤，取滤液 4 毫升于试管中，加 6 摩尔/升氢氧化钠溶液 1 毫升，再加入 15 克/升硫酸钙溶液 1 毫升，摇匀，立即观察。若溶液呈蓝色，则没掺入双缩脲；若溶液呈紫红色，则掺有双缩脲。颜色越深，掺入的双缩脲越多。

21. 如何识别掺假豆粕?

豆粕为大豆经溶剂浸提油脂后，再经适当热处理与干燥后的产品。

(1) 感官特征

①颜色　淡黄至淡褐色，颜色过深表不加热过度，太浅则表示加热不足。整批物料色泽应基本一致，为淡黄色直至深褐色，具有烤豆香味，外形为碎片状（膨化豆粕为颗粒状，有团块)。

②味道　具有烤豆香味，不可有酸败、霉变、焦化等异味，也不要有生豆腥味。

③质地　均匀、流动性良好的以粉状物，不可过粗或过细不可含过量杂质。

(2) 显微特征　体视显微镜下观察：可见豆粕皮外表而光滑，有光泽，可看见明显凹痕和针状小孔。内表面为白色多孔海绵状组织，并可看到种脐。豆粕颗粒形状不规则，一般硬而脆，颗粒无光泽、不透明，奶油色或黄褐色，

生物显微镜下观察豆粕皮，是鉴定豆粕的主要依据，在处理后的大豆种皮表面，可见多个凹陷的小孔及内四周呈现的辐射状、犹如一共朵小花、同时还可见表皮的I形细胞。

(3) 品质判断

①接收的豆粕需色泽新鲜一致，无发霉、结块、异味、异臭等。要控制好适合本地区安全储存的水分。

②豆粕不应焦化或有生豆味，否则为加热过度或烘烤不足。加热过度导致赖氨酸、胱氨酸、蛋氨酸及其他必需氨基酸的变性反应而失去利用性。烘烤不足，不足以破坏生长抑制因子、蛋白质利用性差，必须正确鉴别之，可用感官方法（根据颜色深浅）鉴别。也可利用快速测定尿素酶法进行鉴定。

③豆粕多数为碎片状、粒度大小不一，豆粕皮大小不一可依

据豆粕皮所占比例，大致判断其品质好坏。

（4）掺假鉴别

①掺入各种石粉、贝壳粉等无机物类物质的鉴别　这类物质价格低廉，掺入豆粕中获利大。由于多为灰白色，与豆粕的颜色相近，且容重大，在豆粕中掺入较大量所占体积比例小，从外观上不易被识破。但根据其容重大，又是无机物的特点，采用容重测定法和外包装比较法可快速识别豆粕中是否掺入这类容重大的物质。采用粗灰分测定法则可确认豆粕中是否掺入这类物质。

容重测定法：一般纯豆粕的容重为594～610克/升、而各种石粉、贝壳粉以及其他无机物的容重多在1000克/升以上，比豆粕大得多。测定被怀疑掺假豆粕的容重，然后与纯豆粕的容重（最好是同时测定的）进行比较。如果容重在800克/升以上，则可判定被测豆粕中掺有无机物类物质；若容重仅少量增加（容重低于800克/升），则须经粗灰分测定后进一步确认。

外包装比较法：由于石粉等无机物的容重比豆粕大得多，因此，掺入了此类物质的豆粕的容重会明显增加，即与纯豆粕相比，相同重量包装的体积变小，而相同体积包装的重量明显增重。若发现豆粕包装体积比以往小，而重量不减甚至增加；或包装体积与以往相同，而重量明显增加或每吨豆粕的袋数减少，则此豆粕中可能掺有石粉等无机物类物质，然后再采用粗灰分测定法确认。

粗灰分分析法：我国大豆粕质量标准规定，一级、二级、二级大豆粕中粗灰分含量分别低于6%、7%、8%。而无机物不能燃烧。豆粕中掺入了此类无机物，粗灰分含量会大大提高。较国家标准的方法测定被测豆粕中粗灰分的含量，若粗灰分含量大大提高，则可判定为此豆粕中掺有石粉等无机物类物质。根据灰分的颜色、硬度和盐酸溶解性，可进一步识别掺入的无机物是否是石粉和贝壳粉、黄沙或泥土。

上述方法也可识别其他饼粕类饲料中或能量饲料中掺入此类

无机物。

②掺入玉米粉的鉴别　碘0.3克、碘化钾1克溶于100毫升水中，然后用吸管滴1滴水在载玻片上，用玻璃棒头蘸取过20目筛的豆粕，放在载玻片上的水中展开，然后滴入1滴碘-碘化钾溶液，在显微镜下观察；纯豆粕的标准样品，可清楚地看到大小相同的棕色颗粒，含玉米粉的载玻片上，含有似棉花状的蓝色颗粒，随玉米粉含量的增加，蓝色颗粒增加，棕色颗粒减少。

标准样品的制备：取过20目筛的纯豆粕0.95克、0.96克、0.97克、0.98克、0.99克，依次通过20目筛的玉米面0.05克、0.04克、0.03克、0.02克、0.01克各自混匀，5种标准样品分别含5%、4%、3%、2%、1%玉米的豆粕，按照上述步骤制成五个标准样片，以便比较观察用。

③掺入玉米胚芽粕的鉴别　豆粕中掺玉米胚芽粕可借助于显微镜进行检查。镜下观察豆粕可见豆粕皮，且豆粕皮外表面光滑，有光泽，并可见明显凹痕和针状小孔，内表面为白色多孔海绵状组织，并可观察到种脐，豆粕颗粒形状不规则，一般硬而脆，不透明，奶油色或黄褐色。而玉米胚芽粕镜下观察具油腻感。黄棕色，同时可见玉米皮特征，玉米皮光镜下薄、且半透明。所以，二者在镜下很易区别。

④掺入棉籽饼的鉴别　取被检大豆粕（饼）于30～50倍显微镜下观察，如掺有棉籽饼可见样品中散布有细短绒棉纤维，卷曲、半透明、有光泽、白色、混有少量深褐色或黑色的棉籽外壳碎片，壳厚且有韧性，在碎片断面有浅色和深褐色相交叠的色层。反之，没有掺入棉籽饼。

⑤掺入豆饼碎的鉴别　豆粕中掺豆饼碎也可借助于显微镜进行检查。因豆粕与豆饼粉碎加工工艺不同，镜下状态不一样，豆粕镜下形状不规则，一般硬而脆，子叶颗粒无光泽，不透明，奶油包或黄褐色，豆饼碎子叶因挤压成团，这种颗粒状团块质地粗糙，颜色外深内浅；二者感官也可以大致区分，豆粕一般为碎片

状，而豆饼碎成团块、颜色比豆粕深。

⑥掺入砂土的鉴别　取被检大豆粕 5～10 克于烧杯中，加入 100 毫升四氯化碳，搅拌后放置 20 分钟，大豆粕漂浮在四氯化碳表面，而沙土沉于底部。将沉淀部分灰化．以稀盐酸（1∶3）煮沸，如有不溶物即为砂土：

22. 饲喂颗粒料有什么优点?

通过机械作用将单一原料或配合混合料压实并挤压出模孔成形的颗粒状饲料称为制粒。制粒的目的是将细碎的、易扬尘的、适口性差的和难于装运的饲料，利用制粒加工过程中的热、水分和压力的作用制成颗粒料。与粉状饲料相比，饲喂颗粒饲料具有以下优点：

（1）提高饲料消化率　在制粒过程中，由于水分、温度和压力的综合作用，使饲料发生一些理化反应，使淀粉糊化，酶的活性增强，能使饲喂动物更迅速地消化饲料，转化为体重的增加。用全价颗粒料喂养畜禽，与粉料相比，可提高转化率 10～12%。用颗粒料饲喂育肥猪，平均日增重 4%，料肉比降低 6%，喂肉鸡可平均降低 3～10%。

（2）减少动物挑食　配合饲料是由多种原料根据动物的营养需要配合而成，通过制粒使各种粉状原料成为一个整体，可防止动物从粉料中挑拣其爱吃的，拒绝摄入其他成分的现象，由于颗粒饲料在贮运和饲喂过程中可保持均一性，因此，可减少饲料损失 8%～10%。

（3）使得储存运输更为经济　经制粒后，一般会使粉料的散装密度增加 40%～100%。

（4）避免饲料成分的自动分级，减少环境污染　在粉料贮运过程中由于各种粉料的容重不一，极易产生分级，制成颗粒后就不存在饲料成分的分级，并且颗粒不易起尘，在饲喂过程中颗粒对空气和水质的污染较粉料要少得多。

（5）杀灭动物饲料中的沙门菌　采用蒸汽高温调质再制粒的方法能杀灭存在于动物饲料中的沙门菌，减少病菌的传播。随着颗粒饲料的优越性逐渐被人们所认识，颗粒饲料的比例占配合饲料的总量不断提高。随着产品质量的提高和水产动物饲养量的不断扩大，制粒饲料占有量将进一步提高。与粉状饲料相比，颗粒饲料也存在一些不足，如电耗高、所用设备多、需要蒸汽、机器易损坏及消耗大等。同时，在加热、挤压过程中，一部分不稳定的营养成分受到一定程度的破坏等，但综合经济技术指标优于粉状饲料，所以制粒是现代饲料加工中一个必备的加工工段。

23. 哪些饲料药物添加剂是允许使用的？

抗生素添加剂主要存在残留和抗药性问题。自 1999 年 1 月 1 日起，欧洲规定在饲料中允许使用的药物只有四种，即黄霉素、盐霉素、莫能菌素和阿美拉霉素。随着我国的畜产品打入国际市场，对抗生素的使用有必要加以严格控制，并根据不同国家、不同地区对畜产品的要求，做到少用或不用抗生素。在目前情况下，必须严格按照国家有关规定，使用时严格控制用量，对上市生猪严格实行停药期制度，确保人类健康。

（1）地克珠利预混剂　地克珠利预混剂每1 000克中含地克珠利 2 克或 5 克。用于猪球虫病。混饲。每1 000千克饲料添加 1 克（以有效成分计）。

（2）氨苯砷酸预混剂　氨苯砷酸预混剂每1 000克中含氨苯砷酸 100 克。用于促进猪生长。混饲。每1 000千克饲料添加本品1 000克。休药期 5 天。

（3）洛克沙胂预混剂　洛克沙胂预混剂每1 000克中含洛克沙胂 50 克或 100 克。用于促进猪生长。混饲。每 1000 千克饲料添加本品 50 克，以有效成分计。休药期 5 天。

（4）杆菌肽锌预混剂　杆菌肽锌是杆菌肽与锌的络合物。其抗菌谱与青霉素相似。具有高效、低毒、吸收少、残留低、使用对象广等优点。杆菌肽锌预混剂每1 000克中含杆菌肽 100 克或 150 克。用于促进猪生长。混饲。每1 000千克饲料添加 4～40 克（4 月龄以下），以有效成分计。休药期 10 天。

（5）黄霉素预混剂　黄霉素属多糖类抗生毒，安全性高，不存在药物残留问题，对猪、有促进生长和提高饲料转化率的作用。黄霉素预混剂1 000克中含黄霉素 40 克或 80 克。用于促进猪生长。混饲。每 1000 千克饲料添加，仔猪 10～25 克，生长、育肥猪 5 克。以上均以有效成分计。休药期 0 天。商品名又称富乐旺。

（6）维吉尼亚霉素预混剂　维吉尼亚霉素品质稳定无代谢毒素，抗菌性高且无耐药性，它能影响肠道内菌落，减缓肠蠕动，延长饲料在消化道内滞留时间，增加养分的吸收而促生长。维吉尼亚霉素预混剂1 000克中含维吉尼亚霉素 500 克。用于促进猪生长。混饲。每 1000 千克饲料添加本品 20～50 克。休药期 1 天。商品名又称速大肥。

（7）喹乙醇预混剂　喹乙醇是化学合成的抑菌促生长药物。其本身毒性不大，但与其同属一类的卡巴氧对染色体有致畸作用。喹乙醇预混剂1 000克中含喹乙醇 50 克。用于促进猪生长。混饲。每1 000千克饲料添加本品1 000～2 000克。禁用于体重超过 35 千克的猪，休药期 35 天。商品名又称快育灵。

（8）阿美拉霉素预混剂　阿美拉霉素预混剂每1 000克中含阿美拉霉素 100 克。用于猪促生长。混饲。每1 000千克饲料添加本品，猪 200～400 克（4 月龄以内），100～200 克（4～6 月龄）。休药期 0 天。商品名又称效美素。

（9）盐霉素钠预混剂　盐霉素钠可明显抑制鸡的毒害艾氏、柔嫩艾氏、巨型艾氏、堆型艾氏和哈氏球虫。与其他抗球虫剂之间无交叉耐药性。盐霉素安全、有效，对环境无污染。盐霉素钠预混剂每1 000克中含盐霉素50克或60克或100克或120克或450克或500克。用于促进猪生长。混饲。每1000千克饲料添加25～75克，以有效成分计。休药期5天。商品名又称优素精、赛可喜。

（10）硫酸黏杆菌素预混剂　硫酸黏杆菌素可促进动物生长，预防集约化饲养中常见的大肠杆菌和沙门氏菌引起的疾病。对环境无污染。其缺点是大量使用可导致肾中毒。硫酸黏杆菌素预混剂每1 000克中含黏杆菌素20克或40克或100克。用于革兰氏阴性杆菌引起的肠道感染，并有一定的促进猪生长的作用。混饲。每1 000千克饲料添加仔猪2～20克，以有效成分计。商品名又称抗敌素或硫酸抗敌素。

（11）牛至油预混剂　牛至油预混剂每1 000克中含5-甲基-2-异丙基苯酚和2-甲基-5-异丙基苯酚25克。用于预防及治疗猪大肠杆菌、沙门氏菌所致的下痢，促进猪生长。混饲。每1 000千克饲料添加本品，用于预防疾病，猪500～700克；用于治疗疾病，猪1 000～1 300克，连用7天；用于促生长，猪50～500克。商品名又称诺必达。

（12）杆菌肽锌、硫酸黏杆菌素预混剂　杆菌肽锌、硫酸黏杆菌素预混剂每1000克中含杆菌肽50克和黏杆菌素10克。用于革兰氏阳性菌和阴性菌感染，并具有一定的促进猪生长的作用。混饲。每1 000千克饲料添加，猪2～40克（2月龄以下）、2～20克（4月龄以下），以有效成分计。休药期7天。商品名又称万能肥素。

（13）土霉素钙　土霉素与钙、镁等金属离子形成稳定的络合物，从而提高稳定性，减少吸收。土霉素钙每1 000克中含土霉素50克或100克或200克。对革兰氏阳性菌和阴性菌均有抑制作用，用于促进猪生长。混饲。每1 000千克饲料添加10～50克（4月龄以内），以有效成分计。添加于低钙饲料（饲料含钙量0.18%～0.55%）时，连续用药不超过5天。

(14) 吉他霉素预混剂　吉他霉素也叫白霉素。饲喂后迅速吸收由尿排出。对猪有促进生长、改善饲料效率的作用。吉他霉素预混剂每1 000克中含吉他霉素 22 克或 110 克或 550 克或 950 克。用于防治猪慢性呼吸系统疾病，也用于促进猪的生长。混饲。每1000 千克饲料添加，用于促生长，猪 5～55 克；用于防治疾病，猪 80～330 克，连用 5～7 天，以有效成分计。休药期 7 天。

(15) 金霉素预混剂　常用的是盐酸金霉素。金霉素溶解度较差，在动物肠道中吸收率较低，在血液中的半衰期短，平均只有 5～6 小时。金霉素预混剂每1 000克中含金霉素 100 克或 150 克。对革兰氏阳性菌和阴性菌均有抑制作用，用于促进猪生长。混饲。每1 000千克饲料添加 25～75 克（4 月龄以内），以有效成分计。休药期 7 天。

(16) 恩拉霉素预混剂　恩拉霉素对革兰氏阳性菌特别是肠内有害梭菌抑制作用很强。长期使用无抗药性。由于它改变了肠内菌群，因而能改善动物对饲料中营养物质的利用，促进猪增重，提高饲料转化率。恩拉霉素预混剂每1 000克中含恩拉霉素 40 克或 80 克。对革兰氏阳性菌有抑制作用，用于促进猪生长。混饲。每1 000千克饲料添加 2.5～20 克，以有效成分计。休药期 7 天。

24. 哪些添加剂是禁止使用的？

农业部、卫生部、国家药品监督管理局 2002 年发布了《禁止在饲料和单位动物饮水中使用的药物品种目录》，农业部 2002 年发布了《食品动物禁用的兽药及其他化合物清单》，均明确想定了在动物饲料和饮水中禁止使用的药物和其他禁用物质。违反规定生产、经营和使用违禁药物的将受到法律的严厉制裁，直至追究刑事责任。在动物饲料和动物饮水中禁止使用的药品、兽药和化合物共六大类50多种类：

（1）肾上腺素受体激动剂　盐酸克伦特罗（俗称瘦肉精）、沙丁胺醇、硫酸沙丁胺醇、莱克多巴胺、盐酸多巴胺、西马特罗、硫酸特布他林。

（2）性激素　己烯雌酚、雌二醇、戊酸雌二醇、苯甲酸雌二醇、氯烯雌醚、炔诺醇、炔诺醚、醋酸氯地孕酮、左炔诺孕酮、炔诺酮、绒毛膜促性腺激素、促卵泡生长激素、玉米赤霉醇、去甲雄三烯醇酮、甲基睾丸酮、丙酸睾酮、苯丙酸诺龙、醋酸甲孕酮。

（3）蛋白同化激素　碘化酪蛋白。

（4）精神药品　盐酸氯丙嗪、盐酸异丙嗪、地西泮（安定）、苯巴比妥、苯巴比妥钠、巴比妥、异戊巴比妥；异戊巴比妥钠、利血平、艾司唑仑、甲丙氨脂、咪达唑仑、硝西泮、奥沙西泮、匹莫林、三唑仑、唑吡旦、安眠酮、其他国家管制的精神药品。

25. 如何配制教槽料？

教槽料是指乳猪7日龄至断奶后（7～21天）内使用的高档乳猪料。

（1）配制教槽料时对原料的要求

①选择能量饲料的要点

A. 玉米是首选原料　玉米品质要求容重在700克/升以上，无发霉现象，破碎粒要少。最好使用50%（占所用玉米）左右的膨化玉米，但不能使用太多，否则猪容易粘嘴（对颗粒料而言），进而影响适口性。膨化玉米目前没有标准，通常，膨化玉米糊化率达88%以上就可以了。其次可选用一些小麦，使用量不超过10%，可不用另加小麦酶制剂。

B. 乳清粉、乳糖、蔗糖　是乳猪料优质能源，使用乳清粉实质就是使用乳糖，因而乳糖含量很重要；蔗糖不仅可提供能量，还可以改善适口性，乳猪对蔗糖特有偏爱，其效果优于糖精钠制品。在使用这些原料时要经调质混匀，这些原料属于热敏性原料，容易焦化，焦化对猪适口性有负面作用。

C. 油脂　目前，对乳猪来说最好的油脂是椰子油，其次为大豆油、玉米油、猪油、牛油、鱼油。椰子油很贵，大豆油是比较实际的选择。在使用一定量的膨化大豆后，可不用油脂。使用油脂时一定要注意品质，杂质、水分、碘价、酸价、过氧化值等指标。

②对蛋白质原料的要求

A. 选择教槽料中蛋白质原料以消化率为第一标准，其次再考虑其他指标。因为，乳猪对蛋白质的消化能力非常低，会因蛋白质消化不良而引发各种常见消化道问题。

B. 氨基酸比例：良好的氨基酸比例和含量，是教槽料选择蛋白质原料的第二个主要指标，尤其要考虑赖氨酸、含硫氨基酸、苏氨酸、色氨酸、组氨酸，最好选择上述氨基酸比例适合和高质量的原料。

C. 降解产生小肽：优质的蛋白质原料，在乳仔猪胃肠道内，很快地被降解成短肽，迅速被吸收。优质蛋白质原料的这一特性，是蛋白质原料的一个重要指标。

D. 蛋白质含量：因为乳猪采食的饲料量很少，所以尽量寻找高营养素含量的蛋白质原料，以满足所需营养。

E. 要以效益-价格综合考虑：优质的蛋白质原料，资源较少，价格较高，评价这种原料要以这种原料可能创造的养猪效益与价格来比较，而不单单衡量原料价格对饲料产品价格的影响。

③教槽料中常用的蛋白质原料

A. 大豆类制品　大豆类制品是目前最丰富的蛋白质来源，然而因其加工工艺不同，乳仔猪饲料中豆制品蛋白质的可选择性较多。

膨化大豆：不仅是豆油来源，也是优质的豆类蛋白质的来源，但膨化大豆用量不可过多，一般不宜超过15%。

豆粕：是植物蛋白，其消化率往往达不到乳猪要求，同时还含有一定的抗营养因子，但它是乳猪料的常用、也是合适的蛋白来源。

大豆分离蛋白：虽然其蛋白质含量较高，由于使用低温豆粕制造，因此也可能存在一定量的抗营养因子，所以在加工过程可以经过酶降解的方式；但是，由于有些产品经酶降解后，会产生苦肽而影响适口性，因此在选择时，一方面要可溶性较好，另一方面还要保证较好的适口性。从目前应用效果来看是很好的，就是价格较高。

大豆浓缩蛋白：豆粕经过热酒精浸溶，去掉了其中部分多糖类，相当于把蛋白质浓缩，因而它的价值高于普通豆粕，但是其消化率还是有限的。

发酵豆粕：豆粕经过发酵，消化率大大提高，蛋白质含量也有所提高，抗营养因子遭到破坏。因此发酵豆粕有可能是未来教槽料的首选原料，不过因为不同的厂家发酵菌种和工艺不同，使饲料的饲用价值差异很大，使用时也要谨慎。目前发酵豆粕在乳猪料中用量不可过多，否则会有负面作用。

B. 喷雾干燥血浆蛋白粉　消化吸收率、氨基酸组成、降解产生小肽的速度，都是第一位的，另外，它本身就含有很多的小肽，还含有免疫球蛋白，因此它是优质的乳猪蛋白质原料，尤其以同源的血浆蛋白粉，效果更好。但由于同源性疾病存在的可能性，对该类原料的使用要小心谨慎。另外其价格昂贵，供应不稳定也限制了使用正常化。若需使用时，用量要用到3%才有显著效果，最好选用美国进口的。

C. 乳清粉和乳清浓缩蛋白（WPC-34）　它的消化率和氨基酸组成，仅仅次于血浆蛋白粉，然而单纯以蛋白质含量计算，其价格不低于血浆蛋白粉；其供应量有限，无法大量在饲料中应用。

D. 鱼粉、鱼露、鱼溶浆等鱼类制品及加工副产品　尤其鱼粉，其消化率、氨基酸组成和蛋白质含量，都是优秀的蛋白质原料，而且也有一定的供应量，因此在饲料中被广泛采用。由于鱼粉品质实在难以控制，建议不要多用，最好控制在2%以下。鱼溶浆蛋白（腥肽），是由新鲜鱼类在制作鱼粉的过程中压榨出的鱼溶浆液，经浓缩、酶解、喷雾干燥而成。其特点是富含活性低分子肽（小肽）、牛黄酸、核苷酸、游离氨基酸、高不饱和脂肪酸、甜菜碱、矿物元素、维生素A、维生素 B_{12}、未知生长因子等，具有很强的诱食作用，可显著提高动物的采食量；促进生长，提高动物的生产性能，改善饲料报酬；增强动物免疫机能和抗应激能力，减少腹泻率。鱼溶浆蛋白主要适用于教槽料和高档乳猪料，添加量为0.5%～1%。

E. 肠绒蛋白（DPS）　DPS也是乳猪蛋白质的优质来源；与血浆蛋白粉合用效果很好。DPS不仅提供优质蛋白，还可以防止断奶应邀伤害乳猪肠道黏膜。同样，出于同源性疾病的考虑，使用也要小心。目前只有美国进口的可以用，其价格也偏高，另外，渠道、供应量仍受限制。

F. 小肽类制品　目前有许多小肽类制品应用在乳猪饲料中，也是近来饲料营养研究领域中最热门的东西。这类产品应属于功能性蛋白原料。当然到成熟、稳定应用还有一段时间，应是有光明前景的优质蛋白源。

G. 其余蛋白质来源　例如肉骨粉、棉籽粕、菜籽粕等仍处于研究中，用量要严格限制。

（2）教槽料中饲料添加剂的选择要点

药物添加剂：在我国的饲养环境下，必须在乳猪科中使用药物性添加剂，依据我国农业部的相关条例及公告，目前可选择的药物添加剂有维吉尼亚霉素、杆菌肽锌、硫酸黏杆菌素、那西肽、效美素、恩拉霉素、喹乙醇、土霉素、金霉素、盐霉素等。

诱食剂：主要包括甜味剂（主要是糖）、香味剂（奶香型、辛香型等）、咸味剂（主要是食盐）、鲜味剂（主要是味精）。

复合酶制型：宜选用木聚糖酶、果胶酶、淀粉酶、蛋白酶和甘露聚糖酶为主体酶的复合酶。

酸化剂；常用的是柠檬酸和乳酸，现在生产中使用的多为由正磷酸、乳酸、柠檬酸、延胡索酸组成的复合酸化剂。

预防腹泻：主要采用氧化锌和中草药提取物（如牛至油等植物挥发油）。

提高免疫力：主要采用黄芪多糖等。

（3）教槽料配制的特殊要求　教槽料具有营养浓度高、防病、粗纤维含量适宜、消化率高、酸化日粮等特点。根据以上特点，教槽料配合时不只是按标准保证满足对各种养分的需要，还要从以下几个方面考虑仔猪应激饲粮的配合。

①低蛋白质日粮　大量的研究表明，仔猪腹泻是导致仔猪较高死亡率最主要的原因之一，日粮高蛋白水平已被证实会带来仔猪腹泻。近年来在生产中对断奶仔猪使用低蛋白质日粮已被较多采用，这一技术被认为可降低日粮抗原作用，使大肠中蛋白质腐败作用减弱。低蛋白质日粮技术是通过平衡日粮氨基酸，将日粮中的粗蛋白质在饲养标准的基础上降低3%～4%。仔猪对蛋白质的需求一般为18%，如添加赖氨酸1.5%、色氨酸和苏氨酸各0.16%，可将日粮粗蛋白质水平降低到17%直至14%，在减少仔猪腹泻发病率的基础上仍能保证仔猪正常的生产性能。采用这项技术时，应注意对日粮能量的补充，同时应尽量选用酸结合能力低的原料以降低日粮缓冲能力。

②油脂的使用　断奶后7～10天，通过限制仔猪采食量也被证实可降低仔猪腹泻，高能值日粮（消化能15兆焦/千克）是有效的限饲日粮。生产中高能值日粮可通过添加脂肪配制，日粮中添加适量脂肪（3%～5%）对改善日粮适口性、提高仔猪增重及饲料利用率等方面有较好效果。在脂肪的选择上，植物性油脂如椰子油、玉米油、大豆油的利用率比动物性油脂如牛油、猪油要

高，但随着仔猪年龄增长，这种差异将逐渐减少。

③用膨化大豆代替豆粕　由于植物饼粕类原料容易造成仔猪腹泻，故豆粕在仔猪日粮中的比例以不超过20％为宜，而棉籽饼粕、菜籽饼粕不适合作为仔猪饲料原料。膨化大豆较豆粕有利于仔猪消化。大量的试验表明，用膨化大豆代替豆粕，可减少早期断奶仔猪的腹泻率，提高日增重和饲料报酬。对于断奶早和较小的猪，膨化大豆取代豆粕的量可达100％，断奶晚和较大的猪少用膨化大豆以降低饲料成本，但不影响生长成绩，因此教槽料中膨化大豆作为主要的蛋白来源。

④酶制剂　作为外源消化酶，酶制剂用于教槽料中可强化胃肠酶活性，有助于消化复杂的蛋白质和碳水化合物。实践证明，含有蛋白酶、淀粉酶、果胶酶、纤维素酶的复合酶制剂可显著提高仔猪断奶后2周内的增重和饲料利用率。

⑤尽可能多用乳制品及淀粉　有条件的可用血浆蛋白粉血浆蛋白粉的添加量一般为5％，只用于6周龄前。乳制品在3～5千克体重时可用到25％～50％，5～10千克体重为5％～20％。血浆蛋白粉和乳制品对断奶愈早的猪，效果愈明显。乳制品中的乳糖在消化道内易转变为乳酶，从而降低胃的pH，激活消化酶，刺激乳酸杆菌的生长，抑制大肠杆菌的增殖。

⑥抗菌促生长添加剂　腹泻对断奶仔猪的生产性能和存活率都带来不利影响。因此要配制能减少仔猪腹泻的日粮。可采用添加抗生素，并用定期轮换的方式使用抗生素以避免耐药性；也可使用抗生素替代品，如益生素、低聚糖、糖萜素、中草药添加剂等抗生素替代品。

⑦强加适量的粗纤维　有人建议，将断奶仔猪第一阶段日粮中的粗纤维水平增加至5％来促进肠道功能的发育，减少食糜排空时间，从而减少细菌生长的底物。许多研究表明，适当提高断奶仔猪日粮粗纤维水平能有效地防治断奶仔猪的腹泻，预防仔猪结肠炎等。日粮纤维对猪胃肠道的保健的机制尚不清楚，其原因

可能有：维持正常肠道微生物区系和微生态环境，防止消化功能紊乱，加快食糜的排空速度，减少有害菌的生成，纤维发酵减少了具有毒性的胺的形成。由于适量的纤维供给大肠菌群发酵的底物与非淀粉多糖发酵有关的酸性条件减少了具有毒性的胺的形成（如结肠和大肠内的尸胺、腐胺、组胺和色胺），从而减少腹泻，促进胃肠道后段适应消化功能，促进结肠的发酵；日粮纤维可与有机体的有害物质结合。例如，抗坏血酸葡萄糖酸大量聚集于体内对动物有害，粗纤维与之结合使之排出。

26. 什么是预混料？

指由一种或多种的添加剂原料（或单体）与载体或稀释剂搅拌均匀的混合物，又称添加剂预混料或预混料，目的是有利于微量的原料均匀分散于大量的配合饲料中。预混合饲料不能直接饲喂动物。

预混合饲料可视为配合饲料的核心，因其含有的微量活性组分常是配合饲料饲用效果的决定因素。

（1）预混合饲料的种类

①单项预混合饲料　它是由单一添加剂原料或同一种类的多种饲料添加剂与载体或稀释剂配制而成的匀质混合物，主要是由于某种或某类添加剂使用量非常少，需要初级预混才能更均匀分布到大宗饲料中。生产中常将单一的维生素、单一的微量元素（硒、碘、钴等）、多种维生素、多种微量元素各自先进行初级预混分别制成单项预混料等。

②复合预混合饲料　它是按配方和实际要求将各种不同种类的饲料添加剂与载体或稀释剂混合制成的匀质混合物。如微量元素、维生素及其他成分混合在一起的预混料。

（2）预混料的生产原料

①主原料　即含添加剂活性成分的原料。包括营养性饲料添

加剂原料。各种结晶氨基酸、添加剂形式的维生素纯品、含微量元素的化合物、某些酶制剂以及由它们所制成的单一添加剂预混料；一般饲料添加剂原料如防霉剂、抗氧化剂、调味剂、电解质平衡剂、抗结块剂、饲用微生物制剂等所包含的各类原料；国家饲料法规允许使用的用于防病或促生长的药物及其预混物。饲料厂和养殖企业可根据欲配制的添加剂预混料种类、数量选购各种化合物或单一添加剂原料。

②添加剂载体　添加剂预混料中承载微量活性成分的部分称为添加剂载体。载体一般是非活性物质，表面凹凸不平，有微孔，可承载和稀释添加剂的活性成分，保证添加剂活性成分在添加剂预混料及配合饲料中的均匀分布。

A. 载体类别　添加剂载体可分为有机载体和无机载体两大类：

一是有机载体，包括小麦粉、小麦麸、玉米麸、脱脂米糠、稻壳粉、玉米芯粉、大豆粕粉、玉米蛋白粉、淀粉、乳糖等。其中脱脂米糠、稻壳粉、玉米芯粉、小麦次粉、玉米蛋白粉和豆粕粉多用作维生素预混料的载体；而淀粉、乳糖等含纤维少的载体用于制维生素添加剂、药物添加剂等。

二是无机载体，包括碳酸钙、磷酸钙、硅酸盐、二氧化硅、食盐、蛭石粉、海泡石粉、麦饭石粉和沸石粉等。无机载体用于制作单项或复合微量元素添加剂预混料。碳酸钙粉（或优质石粉）、二氧化硅、食盐使用较多。海泡石粉、麦饭石粉和沸石粉因具有良好的微孔结构和吸附能力，是被研究和应用越来越多的无机载体。

B. 载体选择　载体是添加剂预混料的重要组成部分，对预混料的质量影响很大。在选用制作预混料的载体时，应注意以下几个方面：

一是载体的粒度，载体承载着活性成分，要达到在预混料和配合饲料中均匀分布，必须达到一定的细度。美国习惯用的载体粒度在 30～80 目，即粒度长度在 0.590～0.177 毫米。

二是载体的容重，即每 1 单位体积（如 1 厘米^3）载体的重量。添加剂原料与载体容重愈接近，就越便于混匀，并且不容易产生分层现象。有机载体容重小，常用作有机添加剂活性成分的载体；无机载体的容重大，常用作微量元素添加剂载体。

三是水分含量，载体含水量高，易变质、发霉、结块，还会使活性成分的生物学效价部分甚至完全丧失。所以，载体需经过干燥处理才能使用。一般要求是，经过加工后的有机载体水分含量为 10%以下，无机载体水分含量为 5%以下。

四是黏着性，载体的黏着性越好，对添加剂中活性成分的承载性能越强。有机载体的黏着性优于无机载体。为提高载体黏着性，可在混合机内搅拌载体时加入 1 克的植物油。这种措施还可消除活性成分和载体的静电，减少粉尘。

五是微生物含量，载体附着的微生物越少越好，腐败发霉的物料不能用作载体。德国巴斯夫公司认为，1 克载体内细菌数最多为 100 万个，真菌数最多为 4 万个。

③稀释剂　用于把添加剂中活性成分稀释到一定浓度，将活性成分颗粒彼此隔开，减少活性成分之间的反应，以增加活性成分稳定性的物料，称为稀释剂。稀释剂不具备承载性能，但必须是动物可食用、无害的物料，含水量应在 10%以下。常用的稀释剂有去胚的玉米粉、葡萄糖、烤大豆粉、粗小麦粉、磷酸二钙、石灰石粉、贝壳粉、食盐、高岭土等。

④吸附剂　吸附剂也叫做吸收剂。其作用是吸附含活性成分的液态原料，使其变成固态，便于在饲料工业中应用。吸附剂对液态活性成分来说实际上是起载体的作用。在使用 DL-α-生育酚醋酸由制造维生素 E 添加剂，用液态氯化胆碱制作氯化胆碱添加剂，用液态乙氧喹制作抗氧化剂过程中均需使用吸附剂。常用的吸附剂有脱脂小麦胚粉、脱脂玉米粉、麸皮、玉米芯粗粉、二氧化硅、硅酸钙等。

27. 什么是浓缩饲料？

浓缩饲料又称平衡用配合料。浓缩饲料主要由3部分原料构成，即蛋白质饲料、常量矿物质饲料（钙、磷、食盐）和添加剂预混合饲料，通常为全价饲料中除去能量饲料的剩余部分。它一般占全价配合饲料的20%～40%。这种饲料加入一定的能量饲料后组成全价料饲喂动物。市场上将使用量在10%～20%的产品称为超级浓缩料或料精，其基本成分为添加剂预混料，在此基础上加入部分蛋白质饲料及具有特殊功能的物质。使用时需要补充能量饲料和部分蛋白质饲料。浓缩饲料依其组分的不同，与能量饲料的配合比例并非是固定的，根据市场要求可以是二八浓缩饲料、三七浓缩饲料以及四六浓缩饲料等。

浓缩饲料的生产是配合饲料生产发展的一种补充。对于一些有自产能量饲料的地区和牧场，可免去能量饲料原料的往返运输节约运输费用，降低饲料成本。

浓缩饲料与添加剂预混合饲料近似，都属中间产品，不经再次混合不能直接喂给动物。对其构成原料及产品的质量要求，在卫生指标上与添加剂预混合饲料相同，对粒度及混合均匀度的要求略宽于添加剂预混合饲料。浓缩饲料的配合比例及对基础饲料的要求，均应在产品说明书或标签中有明确规定，以避免使用不当以免危害生产。特别对于含有药物饲料添加剂的浓缩饲料，使用上更应注意。

28. 如何配制妊娠母猪饲料？

妊娠母猪饲养是养猪生产的重要环节之一，其生产性能的高低直接关系到整个生产环节的经济效益。妊娠母猪的营养状况不仅影响其生产性能，如产仔数、断奶到再发情时间间隔、利用年限，而且影响到仔猪的生产性能，如初生重、成活率及断奶窝重等。

妊娠期间的饲养管理目标是：一方面，保证母猪有良好的营养储备。尽可能减少其泌乳期间的体重损失，保持其繁殖期间良好的体况，并促进乳腺组织的发育，保证泌乳期有充足的泌乳量；另一方面，母猪应摄入足够的营养物质以促进胚胎的存活、生长和发育。随着妊娠期的发展，妊娠、胚胎着床、胎儿发育和乳腺生长，母猪的营养需要也不断发生变化，在设计妊娠母猪日粮配方时应考虑这些变化，且应像生长猪一样采用阶段饲养。妊娠母猪除妊娠后期外，营养需要量远远低于哺乳母猪的营养需要。

（1）营养需要和饲料配制特点　一是妊娠前期母猪对营养的需要（表 3）主要用于自身维持生命和复膘，初产母猪主要用于自身生长发育，胚胎发育所需极少。二是妊娠后期胎儿生长发育迅速，对营养要求增加。三是同时根据妊娠母猪的营养利用特点和增重规律加以综合考虑：对妊娠母猪饲养水平的控制，应采取前低后高的饲养方式，即前期在一定限度内降低营养水平，到妊娠后期再适当提高营养水平。整个妊娠期内，经产母猪增重保持 30～35 千克为宜，初产母猪增重保持 35～45 千克为宜（均包括子宫内容物）。

表 3　妊娠母猪营养需要表

妊娠期	妊娠前期			妊娠后期		
配种体重，千克	120～150	158～180	>180	120～150	158～180	>180
预期窝产仔数	10	11	11	10	11	11
采食量，千克/天	2.10	2.10	2.00	2.60	2.80	3.00
消化能，兆焦/千克	12.75	12.35	12.15	12.75	12.55	12.55
代谢能，兆焦/千克	12.25	11.85	11.65	12.25	12.05	12.05

（续）

妊娠期	妊娠前期			妊娠后期		
粗蛋白，%	13.0	12.0	12.0	14.0	13.0	12.0
能量蛋白比，千焦/%	981	1029	1013	911	965	1045
赖氨酸能量比，克/兆焦	0.42	0.40	0.38	0.42	0.41	0.38
赖氨酸，%	0.53	0.49	0.46	0.53	0.51	0.48
蛋氨酸，%	0.14	0.13	0.12	0.14	0.13	0.12
蛋氨酸＋胱氨酸，%	0.34	0.32	0.31	0.34	0.33	0.32
苏氨酸，%	0.40	0.39	0.37	0.40	0.40	0.38
色氨酸，%	0.10	0.09	0.09	0.10	0.09	0.09
异亮氨酸，%	0.29	0.28	0.26	0.29	0.29	0.27
亮氨酸，%	0.45	0.41	0.37	0.45	0.42	0.38
精氨酸，%	0.06	0.02	0.00	0.06	0.02	0.00
缬氨酸，%	0.35	0.32	0.30	0.35	0.33	0.31
组氨酸，%	0.17	0.16	0.15	0.17	0.17	0.16
苯丙氨酸，%	0.29	0.27	0.25	0.29	0.28	0.26
苯丙氨酸＋酪氨酸，%	0.49	0.45	0.43	0.49	0.47	0.44
钙，%	0.68					
总磷，%	0.54					
非植酸磷，%	0.32					
钠，%	0.14					
氯，%	0.11					
镁，%	0.04					
钾，%	0.18					
铜，毫克/千克	5.0					
碘，毫克/千克	0.13					

（续）

妊娠期	妊娠前期	妊娠后期
铁，毫克/千克	75.0	
锰，毫克/千克	18.0	
硒，毫克/千克	0.14	
锌，毫克/千克	45.0	
维生素 A，国际单位/千克	3620	
维生素 D_3，国际单位/千克	180	
维生素 E，国际单位/千克	40	
维生素 K，毫克/千克	0.5	
硫胺素，毫克/千克	0.90	
核黄素，毫克/千克	3.40	
泛酸，毫克/千克	11	
烟酸，毫克/千克	9.05	
吡哆醇，毫克/千克	0.90	
叶酸，毫克/千克	1.20	
维生素 B_{12}，微克/千克	14	
胆碱，克/千克	1.15	
亚油酸，%	0.10	

注：妊娠前期指妊娠前 12 周，妊娠后期至妊娠后 4 周；“120～150 千克”阶段适用于初产母猪和因泌乳期消耗过度的经产母猪，“150～180 千克”阶段适用于自身尚有生长潜力的经产母猪，“180 千克以上”指达到标准成年体重的经产母猪，其对养分的需要量不随体重增长而变化。矿物质需要量包括饲料原料中提供的矿物质；维生素需要量包括饲料原料中提供的维生素。

（2）能量需要　母猪在妊娠初期采食的能量水平过高，会导致胚胎死亡率增高。试验表明，按不同体重，在消化能基础上，每提高消化能 6.28 兆焦，产仔数减少 0.5 头。前期能量水平过高，体内沉积脂肪过多，则导致母猪在哺乳期内食欲不振，采食量减少，既影响泌乳力发挥，又使母猪失重过多，还将推迟下次发情配种的时间。国外对妊娠母猪营养需要的研究认为，妊娠期间营养水平过高，母猪体脂贮存较多，是一种很不经济的饲养方式。因为母猪将饲粮蛋白合成体蛋白，又利用饲料中的淀粉合成体脂肪，需消耗大量的能量，到了哺乳期再把体蛋白、体脂肪转化为猪乳成分，又要消耗能量。因此，主张降低或取消泌乳储备，采取“低妊娠高哺乳”的饲养方式。就妊娠全期而言，应限制能量摄入量，但能量摄入量过低时，则会导致母猪断奶后发情延迟，并降低母猪使用年限。国外对妊娠母猪营养需要的研究主张，降低或取消泌乳储备，近 30 年来，美国对妊娠母猪的饲养标准一再降低，由 20 世纪 50 年代的 37.66～46.86 兆焦/天，削减到 21.6 兆焦/天。我国对于配种体重为 120～150 千克、150～180 千克、大于 180 千克，预期窝产仔数分别为 10、11、11 头的妊娠母猪：妊娠前期，采食量分别为 2.1 千克/天、2.1 千克/天、2 千克/天，饲粮消化能含量分别为 12.75 兆焦/千克、12.35 兆焦/千克、12.15 兆焦/千克，妊娠后期，采含量分别为 2.6 千克/天、2.8 千克/天、3 千克/天，饲粮消化能含量分别为 12.75 兆焦/千克、12.55 兆焦/千克、12.55 兆焦/千克。

（3）蛋白质和氨基酸需要　蛋白质需要量可表示为每一种必需氨基酸及总的非必需氨基酸需要量。确定必需氨基酸的需要量可归结为测定各种必需氨基酸之间的最适比例。赖氨酸通常是猪日粮中的第一限制性氨基酸，另外，苏氨酸在维持需要中起着较大的作用，所以妊娠母猪的苏氨酸推荐量比生长猪的高一些（生长猪的是 65%）。小母猪在其首次妊娠期间，由于还未达到成熟体重，仍需要必需氨基酸以用于继续生长。因此，无论以每日需要量还是以日粮百分比来表示需要量时，初产母猪的需要量都高于经产母猪。由于常规蛋白质主要由谷物类供给，而谷物类饲料原料中赖氨酸及大多常规的必需氨基酸含量特别低，所以一般情况下赖氨酸水平和大多数其他必需氨基酸水平就都太低。因此，在实际生产中，妊娠母猪日粮的最低粗蛋白水平应高于 13%。我国饲养标准规定，对于配种体重为 120～150 千克、150～180 千克、大于 180 千克，预期窝产仔数分别为 10、11、11 头的妊娠母猪：妊娠前期，粗蛋白质水平分别为 13%、12%、12%，赖氨酸水平分别为 0.53%、0.49%、0.46%，蛋氨酸水平分别为 0.14%、0.13%、0.12%、苏氨酸水平分别为 0.4%、0.39%、0.37%，色氨酸水平分别为 0.1%、0.09%、0.09%，妊娠后期，赖氨酸水平分别为 0.53%、0.51%、0.48%，蛋氨酸水平分别为 0.14%、0.13%、0.12%，苏氨酸水平分别为 0.4%、0.4%、9%、0.38%，色氨酸水平分别为 0.1%、0.09%、0.09%。

（4）妊娠母猪的粗纤维需要　母猪妊娠前期由于需要保持一定的体型，体况过肥导致胎儿过大，难产率上升，产后采食量差，奶水不好，断奶后不发情等问题，所以需要严格限制采食量。因此，适当增加日粮粗纤维含量。因此妊娠母猪料中的纤维含量较高，可使用较多的小麦麸、玉米麸、统糠、米糠、草粉等原料。常用的是小麦麸和米糠，但草粉尤其是苜蓿粉也是非常好的原料。使用小麦麸和米糠一定要注意其品质。统糠也是不错的选择，但一定要磨细。母猪可以通过后肠发酵而从日粮纤维中获取能量。低能量而高纤维的日粮可减少便秘，并可预防母猪肥胖。妊娠母猪饲喂低能量而高纤维的妊娠期日粮，可提高母猪在改喂高能量哺乳料时的采含量。此外，增加妊娠期日粮中的纤维含量减轻了母猪的应激行为，比如舔舐、咬啮栏杆和假性咀嚼。目前一般的猪场多用优质草粉和各种青绿饲料来满足妊娠母猪对维生素的需要，使母猪有饱感，防止异癖行为和便秘，还可降低饲养成本。许多动物营养学家认为，母猪饲料可含10%～20%的粗纤维。

（5）钙、磷、锰、碘等矿物质和维生素A、维生素D、维生素E等是胚胎正常发育的有效保证　妊娠后期的矿物质需要量增大，不足时会导致分娩时间延长，死胎和骨骼疾病发生率增加。缺乏维生素A，胚胎可能被吸收、早死或早产，并多产畸形和弱仔。妊娠母猪对维生素A的需要比生长猪一般高2～3倍，维生素D的需要量比一般比生长猪高1～1.5倍，维生素E需要量比生长猪高2倍左右，叶酸的需要量一般比生长猪高1倍左右。

29. 如何配制哺乳母猪饲料？

泌乳期的饲喂目标是使母猪产生足够的乳汁以哺育仔猪，并要防止体重减轻过多，以保证断奶后能尽快发情和配种。

泌乳母猪需要高能量、高蛋白、高氨基酸水平和高可利用营养物质浓度的日粮。由于哺乳母猪料使用的基本上都是大众化原料，故人们容易忽略这些原料的品质问题，有些饲料厂和猪场还故意将一些变质的、差的原料放进去，这样做的危害很大，虽然短期内表现不出来，肉眼也很难观察，但通过对比、统计等手段可知道。因此，选择原料时应注意：

①必须选择优质且易于消化的原料，千万不要使用适口性差、影响采食量、含霉菌和毒素的原料。

②添加脂肪，哺乳母猪的能量需要高，而添加高能量浓度的脂肪，可以提高日粮的能量浓度和母猪的能量采食量，降低高温应激对母猪产生的副作用，但是脂肪强加量高于5%会降低母猪以后的繁殖性能，并且提高饲料成本且不易贮存。

③膨化大豆对提高母猪泌乳能力有很大帮助，但在哺乳料中

使用量不宜超过 30%，否则可导致母猪在哺乳期内有发情现象，导致断奶后发情异常。配不上种，严重影响猪的生产规律，造成更大的经济损失。

④补饲合成氨基酸。在炎热气候条件下，泌乳母猪对粗蛋白含量高的饲料采食量减少，故应给分娩舍中的母猪饲喂高利用率的蛋白质，或者补饲合成氨基酸，同时还要增加矿物质和维生素含量，以保持良好的泌乳性能。

⑤在低成本日粮配方中，为掩盖不良气味，可加入调味剂，添加酶制剂。

⑥一般情况下，哺乳母猪配合饲料中玉米、糙米等谷物籽实类饲料占 45%～65%；麸皮等糠麸类饲料占 5%～30%；饼粕类饲料占 15%～30%；优质牧草类饲料占 0～10%；矿物质、复合预混料占 1%～4%。

30. 夏季如何提高哺乳母猪采食量？

哺乳母猪饲养的一个总原则是，设法使母猪最大限度地增加采食量，减少哺乳失重。哺乳母猪的饲料应按照哺乳母猪的饲养标准进行配制，且应该选择优质、易消化、适口性好、体积适当、新鲜、无霉、无毒、营养丰富的原料。由于哺乳母猪产后体弱，消化功能尚未恢复，可在产后的 1～2 天喂些汤料，可以是麸皮盐水汤、豆粕汤或其他易消化的流食。2～3 天后逐渐增加饲喂量，至第 7 天左右恢复正常饲喂。到第 10 天之后开始再加料，一直到 25～30 天泌乳高峰期后停止加料。饲喂次数以日喂 3～4 次为宜。有条件的可以加喂一些青绿多汁饲料，泌乳高峰期的时候可以视情况在夜间加喂 1 次。

为使母猪达到采食量最大化，可分别采取以下措施：

（1）实行自由采食，不限量饲喂。即从分娩 3 天后，逐渐增加采食量的办法，到 7 天后实现自由采食。

（2）做到少喂勤添，实行多餐制，每天喂4～8次。

（3）实行时段式饲喂，利用早、晚凉爽时段喂料，充分刺激母猪食欲，增加其采食量。如哺乳母猪饲喂时间可选择在清晨5～6点和晚上7～8点，这段时间气温稍低、凉爽，哺乳母猪采食量大。下午3～4点可补充一顿青绿多汁饲料，如水葫芦、西瓜或者鲜嫩的牧草。禁止饲喂腐烂变质的青绿多汁饲料。

（4）饲料配合应多样化饲料多样化才能保证营养物质全面及互相补充。如植物蛋白与动物蛋白的互补，植物蛋白多采用饼粕，而动物蛋白可选用优质的鱼粉。可以增加饲料的营养浓度，在饲料中添加1%左右的油脂，如大豆油。

（5）保证供应充足洁净的饮水至关重要，母乳中水分含量可达80%左右，母猪饮水不足将导致泌乳量减少，直接影响哺乳仔猪的发育与成长。

（6）防暑降温，哺乳母猪最适宜的环境温度为15～20℃，而夏季环境温度高达30～40℃，且昼夜温差小。这样的温度会直接影响哺乳母猪的采食量进而影响生产性能，部分母猪还会因为热应激导致死亡。所以，必须采取有效的措施降低分娩舍内的温度，尽可能为哺乳母猪创造最佳的生产条件。分娩舍应设置防暑降温设施，如遮阳、通风换气、滴水降温等。

不管是哪种饲喂方式都要注意确保饲料的新鲜、卫生，切忌饲料发霉、变质（酸败）。为了增加适口性可采取喂湿拌料的方法。

31. 如何调剂好断奶仔猪的营养？

（1）仔猪营养需要的特点　仔猪单位体重所需养分高，且对日粮营养物质质量要求高，物质代谢旺盛，生长快。20日龄仔猪，体重为初生时的4.5倍，每千克体增重的蛋白质沉积量为

9～14 克；而成年猪每千克体增重沉积的蛋白质仅为 0.3～0.4 克，前者是后者的 30～35 倍。仔猪 60 日龄的体重为初生重的 15.7 倍。钙、磷代谢也很旺盛，每千克增重含钙 7～9 克，含磷 4～5 克。

①蛋白质需要的特点　仔猪出生后的前几天，血液中尿素氮含量高，可以推测这期间体内氨基酸分解代谢旺盛。用氨基酸、示踪放射性碳研究发现，仔猪出生后前几天肝脏外蛋白质合成强度处于低水平。幼小仔猪的胃和小肠，只具有极低的水解日粮蛋白质的能力，尤其是对植物蛋白质的消化能力更有限。但随着仔猪日龄的增加，消化蛋白质的能力也从 28 日龄的约 6%提高到 56 日龄的 35%～53%，一直到 150 日龄。当仔猪日粮蛋白质水平在 15%～27%范围内时，增重和采食量随日粮粗蛋白质水平升高而呈线性增加。对 3 日龄或 7 日龄断奶的仔猪，随着代乳料中蛋白质浓度（17.5%～30%）的升高，增重和采食量呈线性增加。在蛋白质浓度达 27.5%和 30%时，效果最好。日粮中的氨基酸供给量和平衡程度十分重要。据报道，日粮中可消化氨基酸浓度从 1.15%提高到 1.50%，早期隔离断奶仔猪生长加快，每千克增重饲料消耗降低。减轻仔猪断奶后生长受阻的有效措施是增加早期断奶仔猪饲粮中奶产品的用量。3～5 周龄断奶仔猪，乳清可用到 15%～25%；20 千克体重以上的仔猪，乳清用量才可逐渐减少。

②能量需要的特点　许多研究观察到，新生的家鼠、豚鼠、家兔、羔羊和犊牛的能量主要来自于胎儿期沉积于脂肪组织中脂肪酸的氧化供给。但仔猪与这些新生动物不同，白色脂肪组织发育很少（胎儿期约 50%的甘油三酯贮存在白色脂肪组织中），褐色脂肪组织（胎儿期约 50%的甘油三酯贮存在褐色脂肪组织中）完全没有，占体重总量为 1%～1.5%，而且主要为结构脂类——磷脂和胆固醇。因此，新生仔猪体内贮存脂肪供能是很有限的。由于新生仔猪体内贮存脂肪有限，因而碳水化合物对保证

新生仔猪能量需要很重要。据测定，新生仔猪肝脏和骨骼肌中糖酵解限速酶和磷酸戊糖途径限速酶活性高。葡萄糖在未断乳仔猪的能量代谢过程中十分重要。此时，氨基酸在能量代谢过程中也很活跃。

研究证明，获得早期断奶仔猪最大生产性能和饲料利用率的能量需要量比推荐的高。因此，建议使用高浓度饲粮。断乳仔猪日粮中添加脂肪对生产性能的影响不如生长育肥猪明显和稳定，对日增重影响不大。尽管仔猪出生后几天就能消化大量脂肪，对母乳中脂肪的表观消化率可高达95%，但断奶仔猪对脂肪有效利用的能力随断奶后日龄的增加而提高。补充脂肪后，断乳仔猪和生长育肥猪反应不同的原因尚不清楚，断乳初期的仔猪对脂肪的消化率较低可能是部分原因。

消化率低可能是下列一种或多种因素所致：一是十二指肠内pH低，青年猪的小肠中大部分位置的pH低于6.0，低于胰脂肪酶的最适pH（8.0～9.0）。二是未成熟酶的分泌和活性低，胰腺组织中脂酶的活性和分泌随着断乳后日龄的增加而提高。猪刚断乳时，胰脂酶的活性下降，到断乳后4周仍未达到断乳前的最高水平。三是肠绒毛脱落，断奶仔猪饲喂添加脂肪的日粮时，空肠绒毛变短。四是钙水平高，仔猪小肠内容物里Ca水平高，钙与脂肪酸皂化而抑制脂肪酸的吸收。因此，断乳仔猪利用脂肪差的原因可能与多种因素有关。

然而有试验表明，在7日龄断乳仔猪日粮中添加不同来源脂肪和添加量分别为10%、17%、34%脂肪的颗粒料饲喂仔猪，生长速度随着脂肪添加量的升高而加快。3日龄或7日龄断奶仔猪的代乳料中，当蛋白质水平为25%、脂肪添加水平为2%～17%时，随着脂肪含量的增加，生长速度呈线性增加，但采食量无变化。由此表明，早期断奶仔猪根据日粮能量浓度调控采食量的能力比日龄较大动物差。因此，在断乳仔猪的日粮中添加高水平脂肪是否适宜有待进一步研究。研究认为，断乳仔猪日粮中脂肪的适宜添加量为2%～4%。

（2）仔猪早期的快速生长　新生仔猪的体脂肪含量约为1%～2%。在断乳时，营养分配中脂肪的沉积量可以达到15%～16%。此时。体内脂肪和蛋白质的比率接近1∶1。现代的肉用猪，在屠宰时的活重小于120千克，不可能太肥。断乳后的仔猪摄食不充分、应激和疾病会导致体脂肪迅速分解来保证维持生长所需的能量和蛋白质的要求。

14日龄断乳的仔猪7天内体重没有增加，这些猪的身体成分中蛋白质为15%、脂肪为7.6%，而21日龄尚未断乳的仔猪中蛋白质为14.6%、脂肪为14.8%。从这两组断乳仔猪（14日龄和21日龄断乳）的情况可以看出，断乳后的仔猪生长停滞和脂肪沉积减少是为了保证蛋白质的沉积（体脂肪没有任何的增加）。

断乳后，仔猪的脂肪和蛋白质几乎是成比例增加。然而，50日龄断乳时身体内组织的成分有了一些变化，是脂肪为6%～7%，蛋白质为15～18%。有时脂肪的减少伴随着生长停滞，不是体重减少，而是水分的增加抵消了脂肪的减少。只有当日增重大于193克的时候，脂肪才开始正增加。

水分的增加（克/天）＝0.56×空腹体重增加量＋53

脂肪的增加（克/天）＝0.29×空腹体重增加量－56

蛋白质的增加（克/天）＝0.15×空腹体重增加量－4

在日增重为0～200克时，会出现分解体脂肪以满足体蛋白合成的现象。且此种现象要持续到增加比率为60%时才会更新开始沉积脂肪。由于采含量的波动，使体内蛋白质比例与蛋白质稳定的组成之间具有不可调和的关系。如果提供一个合适的条件，断乳仔猪的生长速度完全可以超过商业标准（表4）。只有超过5千克的健康猪才具有这种潜力。任其自由采食，日增重可达到500克。因此，断乳后仔猪发育延迟的负效应可以完全或部分的避免。

表 4　断乳后仔猪的生长性能

始重（千克）	末重（千克）	天数（天）	日采食量（克）	日增重（克）
6	12	13	500	450
6	24	31	800	581
8	16	14	650	590
12	24	16	900	760

目前的倾向是利用猪饲养系统预先使断乳仔猪慢、零或负增重，人们自然会对补偿生长的可能性产生兴趣。利用这种手段，可以自然地、无代价地弥补饲养管理的不足。当饲料充足时，动物会迅速生长，产生一个应对饲料缺乏的储备，这是不可否认的。而损失脂肪以维持体组织的增长是病理生理学的正常反应（如在哺乳期）。问题在于，这段营养不良期之后，断乳仔猪是否会有超常的增加而弥补早期的生长损失。另外，这种增加是否可以在超常的生产效率下达到。当然，应该先给"正常"下一个定义。

表 5 中，25～55 日龄限制饲喂的仔猪表现出增重减少，脂肪几乎没有增加。但是，在解除限饲之后，和任意采食的猪相比，既没有达到较大的增重，也没有不同的组成成分增加，补偿性的生长不明显。仔猪体内脂肪和蛋白质应有一个合适的比率。断乳后的仔猪限制饲喂会使其由于脂肪分解而偏离这个比率，它们具有调整这个平衡的先天素质。尽管它不能被假定，但断乳仔猪的体脂肪含量是一个首选比例的必要表达。超过这个比例的脂肪贮存正是所期望的。如果补偿性的生长被发现，它会通过蛋白质沉积率的增加而达到大量蛋白质生长的恢复。测定的困难在于，首先需要证明控制组是最佳的。动物可以很容易地观察到超越早先控制情况的食欲和生长的增加，但没有要求"补偿性的"好处。更进一步地说，回顾一下整个生长阶段（伴随有补偿的限制），前一阶段效率的丢失没有任何恢复的可能性。作为一个便利的经营管理手段，补偿性生长必须因此而否定。不能否认，充

分利用猪生长潜力的倾向。在一个经典的试验中，饲喂仔猪使其脂肪沉积达到一个很高的水平，然后给猪提供一个特别高水平的蛋白质日粮。猪通过机体脂肪贮存来增加能量的吸收水平来达到一个显著的蛋白质沉积率和增重。13 千克活重时，日增重达到 925 克，是否被认为，可用于表示可以达到正常的潜力或补偿生长还有待探讨。

表 5　不同采食方式断乳仔猪的增重情况比较（克/天）

日龄	任意采食 25～70 日龄	限制饲喂 25～55 日龄
25～40	321（9.6）	192（4.8）
40～55	532（9.0）	162（0.6）
55～70	601（14.5）	508（16.5）

注：括号内为脂肪在增重中所占百分比。

（3）断奶仔猪饲料配制的要求　目前，早期断奶一般是在 3～5 周。由于仔猪消化道功能对体温的调节能力和对疾病抵抗能力的特点，早期断奶后，其饲养比哺乳期还困难，通常有一周的生长停顿期，常称为断奶关。为减轻断奶应激的影响，一定要注意饲粮的配合。

断奶仔猪的饲粮有高营养浓度、防病作用、适宜的粗纤维含量、高消化率、酸化日粮等特点。因此，根据以上特点，早期断奶仔猪饲粮配合不只是按标准保证满足对各种养分的需要。除了采用低蛋白日粮、使用油脂、用膨化大豆替代豆粕、添加各种内外源酶、尽量添加乳制品和淀粉、加抗菌促生长剂以及添加适量的纤维等措施之外，还应考虑以下几个方面：

①加酸化剂　仔猪断奶后，由于乳糖来源中断，会使仔猪胃内 pH 升高，不利于胃蛋白酶原转化为胃蛋白酶，胃蛋白酶活性降低。日粮中添加酸化剂可较有效地解决这一问题。试验证明，添加酸化剂对断奶后 2 周胃蛋白酶有强化作用，但其效果与酸化剂种类、日粮类型、断奶后时间有关。酸化剂在日粮中的添加量

一般为0.5%～3%。有机酸与甲酸钙的效果在断奶后头2周最好；以后效果差甚至无效。有机酸对大豆饲粮的酸化效果比酪蛋白饲粮更好。甲酸钙或有机酸与高铜、酶制剂、碳酸氢钠同时使用具有累加效果，比单独使用其中任何一种效果都好。

②使用血浆蛋白粉　血浆蛋白粉由猪血中分离．通过消毒灭菌而制成。其特点是富含免疫球蛋白和促生长因子、干扰素、激素、溶菌酶，可增强仔猪免疫机能，缓解应激反应，断奶仔猪分别使用的脱脂奶粉、血浆蛋白粉和喷雾干燥血粉，其中血浆蛋白粉和喷雾干燥血粉在改善生产性能上效果尤为突出。血浆蛋白粉的最佳使用效果与其添加量有关，一般不低于3%，同时要注意质量的稳定性。

③猪肠绒蛋白粉（DPS）的选用　主要原料组成是猪肠黏膜水解蛋白，其来源是利用猪小肠黏膜在萃取肝素后经特殊酶处理浓缩加工的产品。其特点是除含有丰富的氨基酸外，还含有大量的寡肽，寡肽的吸收速度更快，效率更高，有缓解应激之功效。可代替血浆蛋白粉，并且猪肠绒蛋白粉的成本只有血浆蛋白粉的1/6，从而降低配方成本。研究表明，在仔猪日粮中二者联合使用（添加2.5%的猪肠绒蛋白粉与2.5%的血浆蛋白粉）时，效果较好。

④大豆浓缩蛋白的选用　大豆浓缩蛋白是大豆经去皮、脱脂等工艺加工而成，其特点是去除了大豆中多种抗营养因子：胰蛋白酶抑制剂、凝集素、多种抗原、寡糖、皂素；清除了可溶性糖分从而减少了抗营养因子的危害；提高了可消化蛋白质含量；乙醇浸提、适当加热处理从而降低了美拉德反应对氨基酸可消化利用性的影响。本品粗蛋白＞60%，赖氨酸＞3.8%，蛋氨酸＞0.8%，苏氨酸＞2.6%，消化能＞16.9兆焦/千克。

⑤小麦水解蛋白　小麦水解蛋白是从小麦蛋白水解物中分离出的一种高消化率水溶性小麦蛋白产品，为浅黄色精制粉末，其特点是具有很高的谷氨酰胺含量(高达30%)。文献资料表明：在应激或限饲条件下(仔猪断奶时)，谷氨酸盐是主要的限制性因素，断奶

仔猪饲喂人工合成的谷氨酸盐，可改善小肠消化道形态（小肠绒毛结构），改善免疫应答。小麦水解蛋白替代早期断奶仔猪日粮中4～8%血浆蛋白粉，可显著提高生长性能，并降低仔猪腹泻发生率。

32. 怎样解决夏季猪肉苍白渗水？

猪应激综合征是由于受到许多不良因素（应激原）的刺激，而引起的一种应激敏感综合征（PSE）。临床上可见应激敏感猪出现恶性高热（体温可达42～45℃），心跳加速，肌肉痉挛，以至僵硬，皮肤紫色，迅速死亡。猪肉表现为肌肉苍白、质地柔软及液体渗出等特征性变化（称为白猪肉或水猪肉），其肉质低劣，营养性及适口性下降，对养猪业和屠宰业造成的经济损失极为严重，应引起养殖场户及动物检疫工作者的关注。

（1）发病原因　猪应激综合征在世界各地广泛发生，早在1968年就有报道，是由兰尼定受体基因突变所致。但发病情况在品种和地区间差异很大，一般以瘦肉型猪多发，尤其是国外品种猪和国内杂交猪种。该病主要发生原因有以下几方面：

①强刺激　长途运输、拥挤、缺氧、饥饿、惊恐、追捕、驱赶、斗架、过劳、保定、离群预防注射、电刺激、感染、创伤、中毒、高温、交配、产仔、环境突变等，这些应激原刺激机体，导致垂体一肾上腺皮质系统引起特异性障碍与非特异性的防御反应，都会产生应激综合征。

②遗传因素　该病的发生多与猪的体型和血型有关，应激敏感猪大多都是瘦肉型、体矮、腿短粗、股圆、肌肉丰满、肌肉发达、皮肤坚实。脂肪薄的猪，如皮特兰猪、波中猪、兰德瑞斯某些品系猪，红细胞抗原为H系统血型的猪也多为应激易感猪。易感猪较容易受惊，难以管教，常表现肌肉和尾部发抖。

③饲料营养不全　日粮中缺乏维生素A、维生素D、维生素E和微量元素硒等，均可造成营养性应激而发病。由于刺激原的

作用、强度、时间及猪个体敏感性存在许多差异，即使同一性质的刺激因素所产生的效应也不完全相同。如果应激过度或不足，都不利于适应性机制的形成，往往可能影响猪的生产性能，甚至引起适应性疾病的发生或死亡。

④其他　血压升高、中毒感染、神经紧张等均可引起 PSE。但是，由于应激原的作用、强度、时间及猪个体敏感性差异，即使统一性质的刺激因素所产生的效应也不完全相同。如果应激过度或应激不足，都不利于适应性机制的形成，往往可能影响猪的生产性能，甚至引起适应性疾病的发生或死亡。

（2）临床症状及病理变化

①猝死性应激综合征　本病多发生于捕捉、捆绑和运输、预防注射、配种、产仔时，由于猪受到突然的强烈刺激，心肌过度强烈收缩而发生心跳停止，无任何临诊病征而突然死亡，死后病变不明显。该病是应激反应最为严重的形式，故又称为“突毙型综合征”。

②恶性高热综合征　病猪体温升高至 42℃以上，皮肤潮红，有的呈现紫斑，黏膜发绀，全身颤抖，肌肉僵硬，呼吸困难，心搏过速，过速性心律不齐直至死亡。死后出现尸僵，尸体腐败比正常快。内脏呈现充血，心包积液，肺充血、水肿。此类型病征多发于炎热的季节。

③急性背肌坏死症　本病主要发生于 75～100 千克的成年猪，并与 PSE 肉有着相同的遗传病理因素。患过急性背肌坏死的猪所生的后代，可以自发地发生背肌坏死。有的猪也可能在受到应激刺激后发生急性背肌坏死。病猪表现双侧或单侧背肌肿胀，棘突拱起或向侧方弯曲，当肿胀消退后，病肌萎缩，而脊椎棘突凸出，若干个月后，可出现某种程度的再生现象。

④白猪肉型　病猪初期表现尾部快速的颤抖，继而全身强拘并伴有肌肉僵硬，皮肤出现形状不规则苍白区和红斑区，然后转为发绀。呼吸困难，甚至张口呼吸，体温升高，虚脱而死。死后

很快尸僵，关节不能屈伸，剖检可见某些肌肉苍白、柔软、水分渗出的特点。死后 45 分钟肌肉温度仍在 40℃，pH 低于 6（正常猪肉高于 6）。此种肉不易保存，烹调加工质量低劣。有的猪肉颜色变得比正常的更加暗红，称为“黑硬干猪肉”。此种情况多见于长途运输而挨饿的猪。

（3）综合防治措施

①治疗措施　发现病猪，要依据应激原性质及其反应程度，选择抗应激药物。出现早期征候的，应立即挑出来单独饲养，给予充分安静休息，可用凉水浇洒皮肤。重症病猪可选用盐酸氯丙嗪作为镇静剂，剂量为 1～2 毫克/千克体重，一次肌肉注射。也可选用维生素 C、亚硒酸钠维生素 E 合剂、盐酸苯海拉明、水杨酸钠等。使用抗生素以防继发感染，为防止酸中毒，可静脉注射 5%的碳酸氢钠溶液。

②预防措施　选育和培育抗应激品种。应加强遗传育种选育繁殖工作，通过氟烷试验或肌酸磷酸激酶活性检测和血型鉴定，逐步淘汰应激易感猪。改进饲养管理工作。尽量减少饲养管理等各方面的应激因素对猪产生压迫感而致病。如减少各种噪声，避免过冷或过热、潮湿、惊吓，减少驱赶、抓捕等各种刺激。即使抓捕也要避免过度的惊恐刺激。猪舍温度不易突变，以防猪舍受到过冷过热的刺激产生应激反应。对难以避免的应激原，尽量让其分散，不使其强度扩大。饲料中维生素、微量元素含量要充分，可在饲料中添加多种维生素。运输时避免环境拥挤、闷热，屠宰前避免驱赶和用电棒刺激猪。应用抗应激药物预防。在出栏运输前，对应激敏感猪只，可用氯丙嗪等镇静剂进行预防注射，或应用其他抗应激药物，以防应激现象发生。

33. 引起猪咬尾的原因有哪些?

猪咬尾症在集约化和规模猪场时有发生，而且一旦发生还很难制止，特别是早期断奶的猪群发生比较多，如果不被及时发现和制止，将很快导致猪的尾部脱落，采食量减少，伤口感染、关节红肿、跛行，甚至死亡，严重影响猪的健康和生产性能，影响猪场的经济效益。

（1）病因分析

①猪群中个别凶恶好斗的猪种因长期圈养，使猪产生厌倦情绪，于是相互咬耳引起。猪为了争位次，并窝打斗，因各种原因导致猪群受到惊吓，猪乱窜群引起。猪群密度过大，栏舍面积不够，太拥挤，饲槽少、饮水器不够或安装位置不当，造成猪只争夺饲料和饮水器的位置，啃咬前面猪的尾巴。同栏猪群整齐度不佳，体重偏轻、体弱的猪常是被咬的对象。

②气候变化异常，室内温度和湿度大，光照强，易引起猪群异动。猪舍粪便堆积，通风不良，产生有害气体，如氨、二氧化碳、硫化氢的浓度过高。水泥地面湿冷，缺少垫草等使猪群产生应激和不适。

③饲料营养不平衡，饲料营养水平低于饲养标准。饲粮中各种原料配合比例不当，混合均匀度差，饲粮贮存不合理，都会引起猪出现咬尾现象。矿物质和微量元素缺乏，如日粮中钙、磷、硫、钠、锌、铜、铁、钴含量不足可诱发猪咬尾、咬耳朵等异常行为。B族维生素缺乏也可导致猪体内代谢机能紊乱，降低体内酶的活性诱发猪咬尾行为。

④体内寄生虫，如蛔虫在猪体内作用，可导致猪群咬尾的情况发生。体外寄生虫可成为附加应激而引起作用。体外寄生虫刺激皮肤引起猪烦躁不安，在舍内墙壁和栏杆上摩擦，出现外伤，引起其他猪的啃咬。猪贫血、尾尖坏死也可诱发猪咬尾、咬耳的恶癖，除此以外，还可见其他部位被咬伤，如咬蹄、腿、颈和跗关节。猪体内激素的刺激导致情绪不稳定，也可引起咬尾现象。

（2）临床特征　有咬尾癖的猪常见舔舐墙壁、啃食槽、泥土、煤渣、咸味异物等症状。有的咬耳朵、尾巴，有的母猪吞食胎衣和仔猪，有的食欲减退、贫血、衰弱，甚至衰竭。咬尾癖猪起初表现举动不安，对外部刺激敏感，食欲减弱，眼光呈恶毒状。猪互相咬斗，特别是咬尾，个别猪还咬耳。猪尾部损伤处有血液流出，咬猪对血液产生异嗜，引起咬尾癖，危害逐渐扩大。咬伤程度表现为从伴有尾部出血的轻度症状到反复咬伤引起尾部脱落的病例。严重的咬伤部由于不断被咬，可继发感染引起骨髓炎、脓肿等。如不及时采取措施进行治疗，可并发败血症等导致病猪死亡。本病一般发生于体重18～80千克的肉猪，以30～40千克的肉猪发病率较高。从性别看，母猪的发病率比去势公猪高。

（3）预防措施

①环境和卫生条件要良好　猪对卫生环境很敏感，尤其是规模化和集约化养猪场，要有良好的通风、保温、防潮、光照、粪便处理等一整套措施，使猪舍达到夏季能防暑降温，冬季防寒保暖的标准。猪的组群要合理，减少个体差异。从外地购进大批仔猪时，应把来源、体重、体质、毛色、性情等方面差异不大的猪放在同一圈舍饲养。如有因运输中碰破皮等外伤的猪，应及时分开饲养，以防因血腥味引起相互咬尾。

②猪的饲养密度要适宜　一般应根据圈舍大小而定，原则以不拥挤，不影响猪只生长和正常采食为宜，一般以每群饲养10～12头为宜。应按2～3月龄，每头猪的占地面积为0.5～0.7米^2，4～6月龄，每头猪的占地面积0.7～0.9米^2，每头育肥猪的占地面积不小于1.0米^{2}进行饲养。科学配合饲料，满足猪的营养需求。根据猪不同阶段的营养需求供给全价配合饲料。发现猪有咬尾现象时，应在饲料中添加一些矿物质和维生素，也可增加0.1%的食盐，同时保证充足的饮水。喂料要定时定量，严禁饲喂霉变饲料。

③育肥猪应早去势和断尾。育肥仔猪提早去势不仅能提高育肥性能和胴体品质，而且有利于避免公、母猪相互爬跨而引起的

咬尾症。仔猪断尾，可在出生后 1～2 天对仔猪进行断尾，仔猪出生时剪取犬牙，断去 2/3 的尾巴，在 20～25 日龄进行去势。

④养猪过程中应定期驱除体内寄生虫 2～3 次，即分别在猪 30～40 日龄、70～80 日龄、100～110 日龄时各驱虫 1 次，同时要注意驱除猪体表虱、疥癣等，否则会因寄生虫影响而导致咬尾症的发生。隔离有恶癖的猪，将个别凶恶的猪及时挑出，隔离被咬猪，及时对症治疗。

34. 如何防治母猪蹄裂？

猪常见的蹄病有蹄冠化脓、腐蹄、蹄裂。蹄裂也称裂蹄，是蹄壁角质分裂形成各种状态的裂隙。按角质分裂延长的状态可以分为复缘裂、蹄冠裂和全长裂；按照发生的部位可以分为蹄尖裂、蹄侧裂、蹄踵裂；根据裂缝的深浅可分为表层裂和深层裂。

据报道，美国的种猪场有 34.7%的种母猪因蹄裂病被淘汰，美国的种猪测定站有 25%的公猪因该病被淘汰。我国引进的种猪蹄裂病发病率也较高，种母猪发病率达 15%～30%，个别地方高达 70%，因该病被淘汰的种猪也占相当比例，所以该病应该引起种猪场的重视。

（1）病因分析

①季节因素　秋冬天气由暖转凉，猪体表毛细血管收缩，导致正常脂类物质分泌减少，猪蹄壳薄嫩，加上粗糙地面等碰撞摩擦，从而造成蹄壳出现裂缝。

②圈舍因素　一些用方砖与水泥铺设的现代化猪舍，由于地表面坚硬而粗糙，在干燥而寒冷的气候下，猪只长期在地面上行走，往往会加快蹄裂的发生。

③品种因素　研究表明，此病主要发生在高度选育的瘦肉型品种和品系中，大约克夏、长白和汉普夏等肢蹄纤细的猪易患此病；生长速度快、瘦肉率高、背膘薄的品种更易得此病。

④营养因素　饲料中钙、磷不足或比例不当，易造成蹄裂。经大量试验表明，高钙日粮可诱发本病；日粮缺硒可引起足变形、脱毛、关节炎等；慢性氟中毒和缺锰时，能导致蹄异常变形，而且缺锰时常出现蹄横裂。据调查，每千克土壤中锌低于 30 毫克、每千克饲料内锌低于 20 毫克时就会发生蹄裂病。土壤中含锌量低，导致饲料也缺锌。当饲料中的植酸盐过多时，能与锌结合形成不溶解和不吸收的化合物，从而抑制了锌的吸收看，此外，饲料中半纤维素、氨基酸、糖的复合物、铁、碘、钼、锰以及维生素 D 含量过多时均能影响锌的吸收，从而引起锌缺乏；缺维生素 D 影响骨骼的生长发育，发生软骨病、肢蹄不正和关节肿胀等，使种猪的肢蹄受力不均，结果导致裂蹄，特别是缺乏运动和阳光照射更易发生此病；生物素缺乏时，不能维持蹄的角质层强度和硬度，蹄壳龟裂，蹄横裂，脚垫裂缝并出血，有时有后脚痉挛、脱毛和发炎等症状。

（2）症状　本病的发生时间主要集中在每年的 10～12 月份和次年 1 月份，以 12 月份最为严重。发病猪只多为待配或初配的后备公、母猪，用水泥、方砖铺设地面的现代化猪舍饲养的猪只发病率也较高。猪只主要发生蹄裂，同时伴有局部疼痛、起卧不便，并因卧地少动可继发肌肉风湿；病程较长者可磨破皮肤，容易形成局部脓肿。轻者影响配种或孕期的正常活动，重者可因渐进性消瘦而被淘汰或死亡。蹄壁缺乏光泽，有纵或横的裂隙。

猪常发生多肢蹄裂，新发生的角质裂隙，裂缘比较平滑，裂缘间的距离比较小，多沿角细管方向裂开。陈旧的裂隙则裂缝开张，裂缘不整齐，有的裂隙发生交叉（图 20）。蹄角质的表层裂不至于引起疼痛，深层裂在离地或踏地的瞬间，裂缘开闭。若蹄真皮发生损伤，蹄尖壁开裂时，用踵部负重，前肢两侧蹄都有裂隙时，可用腕部着地负重。可导致剧痛或出血，伴发跛行（图 21）。如有细菌侵入，则并发化脓性蹄真皮炎，也可感染破伤风，病程长的易继发角壁肿。

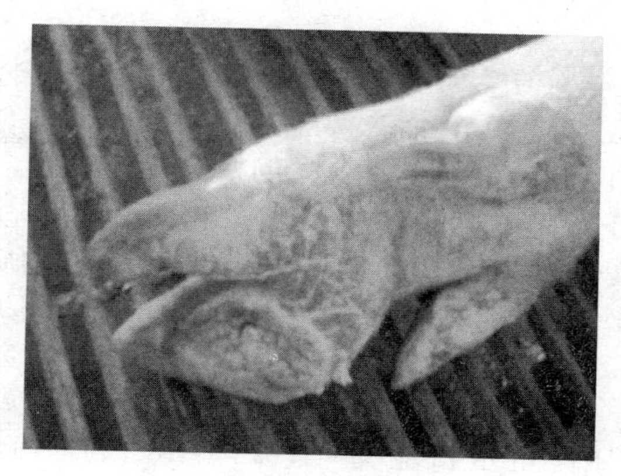

图 20　猪陈旧蹄侧裂

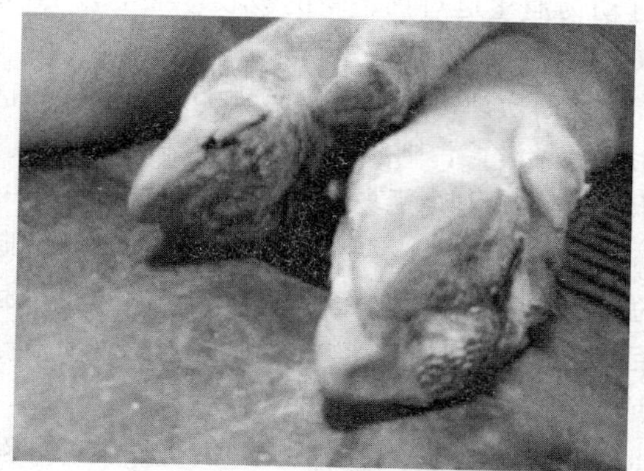

图 21　猪蹄角质深层裂

（3）预防措施

①选育抗肢蹄病的品种　通过肢蹄结实度的选择，改良肢蹄的结构，使整个蹄形发生变化，进而达到增强抵抗该病的目的。对于体形过大而肢蹄过于纤细、单位面积支撑骨负重过大、容易引起肢蹄损伤的个体，应予以淘汰，不可留作种用。可选择新美系的长白母猪与新英系的大白公猪交配，其杂交一代母猪可用作商品猪场的母本，其生产性能一般优良，并且肢蹄粗壮发达、坚

实耐磨。

②改善饲料的营养成分　应供给全价平衡的饲料，矿物质、维生素，尤其是生物素和锌、亚油酸的含量应充足。母猪日粮中生物素添加量达1.0毫克/千克，可以改善蹄甲强度，建议用量0.3毫克/千克；确保钙、磷量足够和恰当的比例，并保证锌、铜、硒、锰等微量元素的供应量。要提供适宜的蛋白质水平，在后备母猪培育期，日粮粗蛋白水平应为16.0%～18.0%，赖氨酸为0.6%～0.7%；在妊娠后期和哺乳期，日粮粗蛋白水平应为17.0%～18.5%，赖氨酸应为0.6%～0.7%；在妊娠后期和哺乳期，日粮粗蛋白应为17.0%～18.5%，赖氨酸应为0.95%～1.05%。添加足够的维生素D、生物素及泛酸等，维生素D能促进动物消化道对钙、磷的吸收，维生素H可提高蹄部的硬度和致密度。

③改善圈地面质地结构和管理　水泥地面应保持适宜的光滑度，但不能过于光滑，否则容易造成猪只滑到而受伤。地面无尖锐物、无积污。集约化养猪场的地面最好采用环氧树脂漏缝地板。新建水泥地面的猪栏必须用醋酸溶液多次冲洗，晾干后再进种猪，以免由于碱性腐蚀猪蹄造成裂蹄病。有条件的猪场应确保种猪有一定的户外活动时间，以接受阳光，这样有利于体内维生素D_3的合成，促使钙、磷的吸收。

④防止继发感染病的发生　要在运动场进出口处设置脚浴池，池内放入0.1%～0.2%的福尔马林溶液，以便对蹄裂病进行疾预防和治疗。

⑤定期进行正确的修蹄甲　长白猪的蹄角质生长速度较快，一年应修剪两次，其他品种猪根据具体情况而定，一般一年修剪一次即可，并于每年9月底完成修剪工作。由于没有专门的猪蹄修剪工具，可以使用修羊蹄的专用锉刀、镰形蹄刀、直形蹄刀和修剪树枝用的剪刀切削蹄的角质、修整蹄形。剪去蹄尖部过长、上弯的角质，打磨掉蹄底磨灭不正的角质。修整时应扩大蹄底的

负重面，使内、外侧指（趾）负重均衡。

⑥精细化管理，提高饲养人员责任心　加强管理的措施有很多，关键靠饲养人员具体地认真去落实。避免频繁换圈、合群；搞好栏舍卫生，保持地面清洁干燥；防止母猪跳圈、咬架、殴斗等行为发生；增加种母猪的运动和光照时间；调节母猪饲养密度，减少拥挤和踩踏；配种时选择体重适宜的种公猪，并选择有一定坡度、平坦无尖锐异物的地面进行等。平时一定要时刻注意观察猪群，如发现母猪群有口、蹄等出现水泡或破溃及有传染性的关节肿大、跛行等异常症状时，一定要结合临床和流行病学及必要的实验室检验，迅速对病情作出诊断，并采取必要的防治措施，以免贻误病情造成更大的损失。

总之，母猪肢蹄病作为规模化猪场的常见病之一，其形成的原因虽然较多，但基本上是可防可控的，有效的预防措施加上对影响因素的正确判断，再根据发病原因，标本兼治，则往往能取得不错的预防和治疗效果。另外，定期采集母猪血液样本和饲料样本，到专业的检测机构进行检验，可对猪群抗体水平、健康状况及营养是否均衡等了然于胸，并根据检验结果对不足之处做适当调整，尽量使猪场母猪运行在人为可控的最佳状态，以期获得最大的经济效益。

35. 猪粪颜色与饲料好坏有关系吗？

猪粪颜色与饲料好坏无关。

许多养猪者认为，猪粪便越黑，说明猪对饲料的消化吸收率越高，饲料的质量越好；粪便越黄，对饲料的消化吸收率越低，饲料的质量则不好。其实，这种观点是不够科学的。实际上，衡量饲料消化吸收率高低的标准不在于粪便的颜色，而在于饲料的转化率（料肉比）。从配方学的角度来讲，高铜可以使粪便发黑。虽然高铜对仔猪有一定的促生长作用，但长期添加高铜添加剂，会导致猪粪便中残留的铜元素对环境造成污染，猪肉中残留的铜元素对人体健康造成危害。因此，粪便颜色并不能说明饲料质量的好坏。

36. 什么是必需氨基酸？

蛋白质的营养实质上是氨基酸的营养。根据组成蛋白质的20多种常见氨基酸在猪体内的营养特性，可分为必需氨基酸和非必需氨基酸。必需氨基酸是猪体内不能合成或合成的数量不能满足猪的维持和生产需要，必须由饲料提供的氨基酸。不同生理阶段必需氨基酸的种类见表6。精氨酸可以在猪体合成．其合成速度可以满足性成熟猪和妊娠猪的需要，但不能满足早期生长猪的需要。非必需氨基酸并不是猪营养上不需要它们，而是在猪体内可以通过转氨基等作用合成或转化。因此，这类氨基酸在饲料中不一定存在。

表6　猪的必需氨基酸与非必需氨基酸分类

必需氨基酸		非必需氨基酸	
生长猪	成年猪	生长猪	成年猪
赖氨酸	赖氨酸	甘氨酸	甘氨酸
色氨酸	色氨酸	丝氨酸	丝氨酸
组氨酸	组氨酸	丙氨酸	丙氨酸
异亮氨酸	异亮氨酸	脯氨酸	脯氨酸
亮氨酸	亮氨酸	羟脯氨酸	羟脯氨酸
苯丙氨酸	苯丙氨酸	酪氨酸	酪氨酸
缬氨酸	缬氨酸	瓜氨酸	瓜氨酸
苏氨酸	苏氨酸	谷氨酸	谷氨酸
精氨酸		羟谷氨酸	羟谷氨酸
		天冬氨酸	天冬氨酸
		正亮氨酸	正亮氨酸
			精氨酸

在生产中，猪的必需氨基酸需要量受以下因素的影响：

（1）年龄和体重　年龄和体重不同，需要的必需氨基酸种类和数量均不一样，总的规律是随年龄的增长和体重的增加，必需氨基酸的需要量逐渐减少。如不同生长期猪的赖氨酸需要量为哺乳期仔猪的料0.9%～1.0%，生长期仔猪的料0.75%左右；育肥期仔猪的料0.75%左右。

（2）能量水平　一切动物均为能而食，因此采用高能量和低能量日粮都会影响到必需氨基酸的需要量，日粮中的能量与蛋白质（或氨基酸）之间应有适当的比例。

（3）必需氨基酸的含量和比例　动物日粮中的必需氨基酸不仅要满足其需要量，还要有适宜的比例，任何一种氨基酸在日粮中的含量过高或过低，都会影响到其他氨基酸的利用。

（4）非必需氨基酸的含量和比例　如果日粮中非必需氨基酸的含量和比例不足，动物体则会用必需氨基酸合成非必需氨基酸，这样一方面造成浪费，另一方面还可能造成必需氨基酸的不足。因此，在日粮中必需氨基酸和非必需氨基酸应有一定的比例，如仔猪应保持$NE_{AA}:E_{AA}=1:(1\sim1.5)$。

（5）蛋白质水平　日粮蛋白质水平越高，必需氨基酸需要比例越高。

（6）其他营养物质的影响　日粮中其他营养物质的不足，也会影响到必需氨基酸的需要量，如日粮尼克酸不足时，由于体内色氨酸用于合成尼克酸，色氨酸需要量升高，日粮胆碱不足时，部分蛋氨酸用于合成胆碱，致使蛋氨酸需要量升高等。

（7）加热处理　某些饲料经加热处理后会降低饲料中某些必需氨基酸的利用率，从而使需要量增加。如富含淀粉、糖的饲料谷物，加热后其中的赖氨酸、色氨酸和精氨酸会形成一种难被猪吸收的复合物，从而使这些氨基酸需要量增加，因此，谷实类饲料生喂比热喂好。鱼粉和肉粉加热后，也会降低猪对其中赖氨酸、精氨酸和组氨酸的利用率，从而增加这些氨基酸的需要量。

饲料蛋白质的营养价值主要取决于必需氨基酸的组成和含量。饲粮中必需氨基酸的配比以近似于猪的需要量为佳，由于生长猪的氨基酸需要量与组织氨基酸成分密切相关，因此，大多数动物性蛋白质饲料，如鱼粉的氨基酸成分类似于生长猪需要的氨基酸。优质的植物性蛋白质饲料的氨基酸配比与动物性蛋白质饲料的组成成分也没有很大的差异，但可能有一两种必需氨基酸的需要得不到满足。日粮中某个或某些必需氨基酸的不足，会限制其他氨基酸的利用。尽管其他氨基酸的数量满足了猪的需要，但却因受到限制而得不到正常利用。由于缺乏而限制其他氨基酸利用的必需氨基酸叫做限制性氨基酸。最缺乏的叫第一限制性氨基酸，依次可将其分为第一、第二、第三……限制性氨基酸。猪饲料中常见的限制性氨基酸有赖氨酸、蛋氨酸、色氨酸、苏氨酸和异亮氨酸等。赖氨酸往往是第一限制性氨基酸，当调整饲料成分，或补加合成的氨基酸时，使第一限制性氨基酸得到满足后，才可补充第二限制性氨基酸．其他可依此类推。常用猪饲料中的限制性氨基酸见表 7。一般饲粮中必需氨基酸与非必需氨基酸的比以 1∶1 为佳。否则，当非必需氨基酸的总量不足时，必需氨基酸就转化为非必需氨基酸。据研究，胱氨酸至少能满足 50％ 的总含硫氨基酸（蛋氨酸＋胱氨酸）的需要，酪氨酸至少能满足苯丙氨酸和酪氨酸总需要量的 50％。如果胱氨酸的量太少，就要由蛋氨酸合成胱氨酸，但这种反应是不可逆的。同样，苯丙氨酸转化成酪氨酸也是不可逆的。

表 7　猪饲料中的限制性氨基酸

饲料	限制性氨基酸顺序				
	第一	第二	第三	第四	第五
玉米	赖氨酸	色氨酸	异亮氨酸	苏氨酸	缬氨酸
高粱	赖氨酸	苏氨酸	蛋氨酸	异亮氨酸	色氨酸
大麦	赖氨酸	苏氨酸	蛋氨酸	异亮氨酸	缬氨酸
小麦	赖氨酸	苏氨酸	蛋氨酸	缬氨酸	异亮氨酸
玉米＋豆粕	赖氨酸	蛋氨酸	苏氨酸	异亮氨酸	色氨酸
豆饼	蛋氨酸	苏氨酸	缬氨酸	赖氨酸	异亮氨酸
肉骨粉	色氨酸	蛋氨酸	异亮氨酸	苏氨酸	组氨酸

37. 什么是必需脂肪酸？

构成脂肪的脂肪酸可分为饱和脂肪酸（SFA）和不饱和脂肪酸（UFA）两大类。不饱和脂肪酸是指具有一个或一个以上双键的脂肪酸，通常将具有两个或两个以上双键的脂肪酸称为高度不饱和脂肪酸或多不饱和脂肪酸（PUFA）。PUFA 中凡是体内不能合成、必须由饲料供给，或通过体内特定前体物形成，对机体正常机能和健康具有重要保护作用的脂肪酸称为必需脂肪酸（EFA）。EFA 如同蛋白质、氨基酸、维生素和矿物质一样，是动物生长发育的必需营养素和限制性因素。

（1）必需脂肪酸的营养生理功能

①维持生物膜的正常功能　EFA 是细胞膜、线粒体膜和质膜等生物膜脂质的主要成分，影响膜蛋白的构象、膜的流动性和厚度。不同脂肪酸构成了生物膜的疏水区，直接影响膜蛋白的功能，参与磷脂的合成。EFA 通过共价连接对膜蛋白功能进行修饰，对膜内酶、受体和流动性的影响，有助于维持膜蛋白的最佳构象。

②合成某些生物活性物质　EFA 是合成类二十烷的前体物质。类二十烷是花生四烯酸（AA）和二十五碳五烯酸（EPA）在环加氧酶和脂类加氧酶的作用下生成的一类具有强生物活性的物质，包括前列腺素、凝血噁烷，环前列腺素和白三烯等，它们都是 EFA 的衍生物。

③维持皮肤和其他组织对水的不通透性　EFA 不足时，水分可迅速通过皮肤，使饮水量增大，生成的尿液少而浓，许多膜的通透性都与 EFA 有关，如血一脑屏障、胃肠道屏障等。

④降低血脂和胆固醇水平　EFA 能有效促进动物机体的脂类代谢：增加固醇类物质的排出，改变脂蛋白中脂肪酸的组成，增加血液的流动性，加强脂蛋白与脂肪分解酶间的相互作用，改

变 VLDL 和 LDL 合成与分解的速度。如鱼油能影响肝脏中催化胆固醇合成的关键酶 3-羟基-3-甲基戊二酰辅酶 A 还原酶的活性，从而降低机体中胆固醇的合成，降低血浆总胆固醇水平。

⑤改善机体免疫功能　日粮 EFA 水平可影响免疫器官的功能，进而影响抗体产生与淋巴细胞的增殖及转化活性。饲喂富含 LNA 及 EPA、DHA 的鱼油，能显著增加抗体的产生，提高免疫细胞对各种病原攻击的反应能力。但过量的 EFA 会使胸腺萎缩、降低淋巴细胞功能、抑制淋巴细胞转化和抗体生成。因此为了保证机体的最佳免疫机能，日粮中的 EFA 水平应保持在适宜的水平。

（2）必需脂肪酸的需要量和缺乏症　NRC（1998）规定，各种类型猪的 EFA 需要量均占日粮的 0.1%。在高脂日粮中，EFA 的供给量要相应增多，以保证猪对 EFA 的有效利用。EFA 缺乏会影响磷脂代谢，造成膜结构异常，通透性改变，膜中脂蛋白的形成和脂肪的转运受阻。动物表现出一系列病理变化，如皮肤损伤、出现角质鳞片、体内水分经皮肤损失增加，毛细血管变得脆弱，机体免疫力下降，生长受阻，甚至死亡。

38. 什么是理想蛋白？

（1）理想蛋白质的概念　理想蛋白质的构想起源于 20 世纪 40 年代，但将其用于猪的氨基酸需要量或评定饲料蛋白质的营养价值则是从 1981 年 ARC 猪的营养需要开始。所谓理想蛋白质是指该蛋白质的氨基酸的组成和比例与动物所需要蛋白质的氨基酸的组成和比例一致。饲料蛋白质中的各种氨基酸（主要是必需氨基酸）的配比与猪所需的氨基酸配比恰好一致时，日粮蛋白质的生物学效价最好，利用率最高。“理想蛋白质”是研究猪的蛋白质氨基酸需要提出的理论，目前主要用于生长猪。其基础是：①根据不同性别、不同体重，猪躯体的氨基酸配比相当稳定这一现象，推断猪对饲粮氨基酸需要量方面的差异仅表现在绝对量上，而各个氨基酸需要量的配比则保持不变；②生长猪对蛋白质的需要量虽然由维持与生长两部分组成，但维持所占比例较小，因此，猪对日粮氨基酸配比的要求主要由生长需要来决定；③生物学效价高的日粮蛋白质，其氨基酸配比与猪的肌肉中的配比极为相似。

（2）理想蛋白质的必需氨基酸模式　对理想蛋白质模式的研究，早期大多参照机体蛋白质氨基酸的组成来确定。英国农业研究委员会（ARC，1981）是以猪的奶中蛋白质与猪的肌肉中蛋白质的必需氨基酸成分为模式，确定出以赖氨酸为100的其他氨基酸比分（表8）。NRC（1988）和ARC（1981）提出的基于色氨酸的理想蛋白质氨基酸模式（表9）。近来，理想蛋白质模式多采用拼凑法，即由确定的单个氨基酸需要组合而成。NRC（1998）标准基于部分扣除氨基酸的氮沉积法确定的猪维持和沉积蛋白质的理想模式，与其他标准的比较见表10。

表8　生长育肥猪理想蛋白质必需氨基酸模式（占赖氨酸%）

氨基酸	猪奶蛋白	仔猪体蛋白	猪体蛋白	ARC（1981）
赖氨酸	100	100	100	100
精氨酸	—	—	—	—
组氨酸	36	39	38	33
异亮氨酸	54	52	52	55
亮氨酸	113	104	101	100
蛋氨酸＋胱氨酸	43	45	43	50
苯丙＋酪氨酸	111	94	96	96
苏氨酸	55	55	55	60
色氨酸	17	—	—	15
缬氨酸	71	70	70	70
必需氨基酸（%）				41.5
非必需氨基酸（%）				59.5

表9　基于色氨酸的氨基酸模式

氨基酸	NRC（1998）	ARC（1981）
色氨酸	1.0	1.0
精氨酸	3.0～1.0	
组氨酸	1.8	2.3
异亮氨酸	3.8	3.8
亮氨酸	5.0	7.0
赖氨酸	7.0～6.0	7.0
蛋氨酸＋胱氨酸	3.4	3.5
苯丙＋酪氨酸	5.5	6.7
苏氨酸	4.0	4.2
缬氨酸	4.0	4.9

表10　不同氨基酸模式比较

氨基酸	ARC（1981）	INRC（1984）	日本（1993）	SCA（1990）	NRC（1998）
赖氨酸	100	100	100	100	100
精氨酸	—	29	—	—	39
组氨酸	33	25	33	33	32
异亮氨酸	55	59	55	54	54
亮氨酸	100	71	100	100	95
蛋氨酸＋胱氨酸	50	59	51	50	57
苯丙＋酪氨酸	96	98	96	96	92
苏氨酸	60	59	60	60	64
色氨酸	15	18	15	14	18
缬氨酸	70	70	71	70	67

（3）猪的氨基酸平衡　所谓氨基酸平衡是指日粮中各种必需氨基酸的数量和相互间的比例正好与猪的维持和生产需要量相符合。只有在日粮中的氨基酸处于平衡时，才能保证氨基酸最有效

的利用，发挥最大的生产潜力。日粮中个别必需氨基酸的供给量过高或过低，都会影响到整个氨基酸的利用效率。例如，禾本科籽实等饲料对猪的第一限制性氨基酸为赖氨酸，在生产过程中，不添加赖氨酸，就会使氨基酸不平衡，影响氨基酸的利用率。但是如果赖氨酸使用过量，同样也会造成氨基酸新的不平衡．并导致很大的浪费。氨基酸不平衡对仔猪生长的影响见表11。

表11　氨基酸不平衡对仔猪生长的影响

日粮	赖氨酸与粗蛋白水平		生产性能	
	赖氨酸（%）	粗蛋白（%）	增重（克）	增长/饲料
日粮A	1.07	20.2	540	0.52
日粮B	0.54	20.2	250	0.36
日粮C	1.07	20.2	420	0.41
日粮D	1.07	40.0	310	0.44

（4）氨基酸的代谢　氨基酸的代谢包括氨基酸的合成、降解与向组织的转运。氨基酸的合成指对非必需氨基酸而言。合成氨基酸的碳骨架来自糖类、脂类或必需氨基酸；氨基来自氨离子或其他氨基酸脱掉的氨基。谷氨酸的合成是由转氨酶催化的α-酮戊二酸氨基化途径。谷氨酸形成后，它的氨基又可以转移到任何一种α-酮酸上，形成各种相应的氨基酸。必需氨基酸转化为非必需氨基酸的过程亦如此。

体内不用于合成蛋白质的氨基酸进行脱氨基作用，或脱羧基作用等分解代谢。氨基酸在体内氧化脱氨，生成氨和相应的酮酸。所形成的酮酸可氧化供能，也可合成葡萄糖或脂肪。当游离的氨超过了体内的正常浓度时，就会在肝脏中合成尿素，并以尿素的形式排出体外。体内还有几种脱氨基的形式，如转氨基、联合脱氨基等。体内的氨基酸有一部分也可在脱羧酶的作用下，脱去羧基形成相应的胺类，如组氨酸和谷氨酸可分别转化成组胺和γ-氨基丁酸。也有一些氨基酸是先经过一定的变化以后再进行脱羧基作用，形成相应的胺类，如色氨酸转变成5-羟色氨酸，再变成5-

羟色胺。

丙氨酸和谷氨酰胺是组织间相互转运最重要的氨基酸。是从肌肉释放出来进入血液的最主要的氨基酸，两者分别占肌肉中释放的 α-氨基酸的 30%～40%。在肌肉组织中，丙氨酸主要是通过支链氨基酸与丁酸间转氨基作用生成的，谷氨酞胺是通过氨与谷氨酸形成的。谷氨酰胺通过肠道组织和肾脏的作用送入血液；丙氨酸靠肝脏转化葡萄糖输送入血液。丙氨酸和葡萄糖在肝脏、血液和肌肉组织中具有循环作用，从而完成组织间的氨基酸交换。丙氨酸也能将氨基酸，特别是将支链氨基酸的真从肌肉运至肝脏变成尿素。

（5）氨基酸的缺乏症　猪缺乏氨基酸很少有典型的临床症状。主要症状是：食欲降低，伴随采食量降低，饲料浪费多，饲料利用率低，增重缓慢，体质虚弱，被毛干燥、粗糙；严重时有负氮平衡；血清蛋白质浓度降低，贫血，肝中脂肪累积，水肿；繁殖猪降低仔猪的初生重、产乳量，一些酶和激素的合成减少；对饲料中黄曲霉毒素的敏感性增加。

饲粮氨基酸不平衡在生产上较常见，其不利影响更为明显。解决的办法，一是利用氨基酸的互补作用，使多种饲料在氨基酸含量上能够取长补短。如苜蓿蛋白质中，赖氨酸含量较多为 5.4%，蛋氨酸含量较少为 1.1%；而玉米蛋白质中赖氨酸含量较少为 2.0%，蛋氨酸含量较多为 2.5%，将这两种饲料适当配合使用，可同时提高饲粮中赖氨酸和蛋氨酸的含量。二是适当添加限制性氨基酸，使氨基酸配比保持平衡。保持氨基酸平衡，是避免猪出现氨基酸缺乏症的前提。

39. 功能性多糖有哪些功能？

多糖是由十个以上单糖通过糖苷键连接而成的碳水化合物，一般均为天然高分子化合物。作为构成生命物质的主要成分之一，广泛存在于动植物和微生物中。它为生物提供骨架结构和能量来源，还参与调节细胞各种生理过程。目前，已有300多种多糖被分离提取出来。多糖具有广泛的生物学功能，如调节机体的免疫功能、参与机体的各种生理代谢、抑制肿瘤的生长、抗机体的氧化，延缓衰老、抗病原微生物等。近年来国内外研究表明，功能性多糖具有一定的调节肠道微生态的作用，可作为一种抗生素替代品。

①改善生产性能　日粮添加酵母多糖颗粒料，能显著提高日增重和料重比，效果好于金霉素颗粒料。在基础日粮中添加100克/吨菠萝多糖和0.6%的白术粗多糖能提高断奶仔猪的平均日增重和饲料报酬，降低腹泻率。中草药复合多糖（白术、黄柏、党参、苍术、陈皮、山楂、马齿苋）能显著提高断奶仔猪的日增重，降低料肉比。决明子多糖通过增加肝脏中IGF-1生长因子的基因表达，加速淀粉消化吸收、增加仔猪蛋白质合成，从而促进仔猪生长性能的提高。香菇多糖通过提高生长激素、三碘甲腺原氨酸及甲状腺素水平,降低皮质醇水平,进而提高仔猪日增重和采食量。

②改善免疫力，提高抗应激能力　多糖能够通过提高免疫器官的发育，增强体液免疫和细胞免疫，增强细胞因子的活性来提高猪的免疫力。黄芪多糖能显著提高断奶后仔猪的免疫功能，增加淋巴细胞百分数，降低中性粒细胞百分数，提高绵羊红细胞（SRBC）抗体效价。牛膝多糖促进仔猪血清淋巴细胞转化率和细胞因子TNF、IL-1β、IL-2、IL-6的分泌量。一定剂量的决明子多糖可提高仔猪仔猪的免疫能力，提高血清IgA、IgM、IgG的浓度。适量黄芪多糖能显著提高断奶仔猪外周血红细胞数、白细胞数、血红蛋白含量，降低断奶仔猪腹泻率。中草药复合多糖对断奶仔猪的免疫器官指数的提高优于单一多糖和抗生素。紫锥菊多糖（EPPS）、板蓝根多糖（IRPS）、黄芪多糖（APS）、山药多糖（CYPS）、牛膝多糖（ABPS）能促进ConA或LPS诱导的猪脾淋巴细胞增殖，且促进作用与多糖浓度有关。黄芪多糖铁可

显著提高仔猪日增重及存活率，降低仔猪痢疾的发病率，其血红蛋白含量始终维持在临界水平以上。板蓝根多糖（IRPS）、黄芪多糖（APS）、牛膝多糖（ARPS）和山药多糖（CYPS）对抗猪伪狂犬病毒（PRV）感染均具有显著的作用，其中APS、IRPS还具有抑制和直接杀灭PRV的作用。

③影响血液生化指标，改善肠道环境　在仔猪日粮中添加300毫克/千克香菇多糖能够提高血清总蛋白（TP）、白蛋白（ALB）、球蛋白（GLO）、血糖（GLU）水平以及超氧化物歧化酶（SOD）、谷胱甘肽过氧化物酶（GSH-Px）的活力，降低血清尿素氮（SUN）和丙二醛（MDA）的含量。适量的黄芪多糖能显著提高断奶仔猪血清中SOD含量，降低断奶仔猪血清中MDA含量，对恢复早期断奶仔猪血清中NO含量有明显的促进作用。牛膝多糖对LPS刺激多糖缓解了LPS刺激对断奶仔猪生长的抑制作用，其机制可能与其抑制了炎性介质的分泌有关。日粮中添加一定剂量的白术多糖，可提高血清总蛋白（TP）、白蛋白（ALB）和总胆固醇（TCHO）含量以及α-淀粉酶（AMY）、谷草转氨酶（GOT）、谷丙转氨酶（GPT）的活性，降低葡萄糖（GLU）和甘油三酯（TG）含量以及肌酸磷酸激酶（CK）活性；提高早期断奶仔猪血清中IgG和IgM的浓度，促进红细胞数量增加和提高脾脏指数、胸腺指数；通过促进GH、IGF-1、T_3、T_4和cAMP的合成和分泌，影响仔猪的内分泌系统机能，实现对仔猪的促生长作用。牛膝多糖能够有效抑制肠道杆菌的增殖，促进肠道乳酸杆菌和双歧杆菌的增殖、增加肠绒毛高度和降低隐窝深度且效果显著好于抗生素。随着牛膝多糖添加量的增加，回肠段和空肠段的上皮细胞层厚度增加，抑制肠道杆菌、促进肠道乳酸杆菌和双歧杆菌的效果逐渐提高。决明子多糖能被肠道的乳酸杆菌、双歧杆菌等有益菌利用，改善肠道内环境，有利于有益菌群的增殖，竞争性抑制了有害菌的增殖，改变了肠道微生物的种群和数量比例关系，具有改善动物肠道微生态的作用。

40. 植酸酶对猪生产与应用效果如何？

植酸酶作为一种抗营养因子抑制剂，能消除植物源饲料中植酸，释放饲料中的磷，提高家畜对磷的利用率，能间接地提高动物生产性能，提高蛋白质、氨基酸、干物质、粗纤维和脂肪的利用率，促使植酸螯合的养分和消化酶释放出来，提高养分在肠道的消化率，也能提高谷物的硬度和增加灰分的重量。我国常用的猪日粮是玉米－豆粕型日粮，日粮中60％～90％的磷以植酸磷的形式存在，而猪对其消化能力非常有限，一般只能利用10％～30％。我国磷酸氢钙的价格一直居高不下。许多国家以饲料中总磷的1/3作为有效磷，相差的有效磷则以无机磷补充，无机磷的添加可降低饲料自身植酸磷的利用率，植酸磷又会与消化道中的钙结合，使其利用率也降低，而过量未被消化的钙、磷随粪便排出，造成无机钙、磷资源的浪费，也污染了环境。饲料中通过添加植酸酶可以提高钙、磷的利用率，从而提高生产性能，降低成本，提高经济效益。

一些常见饲料原料中植酸磷的含量见表12。

表12 一些常见饲料原料中植酸磷的含量（％）

原料	总磷	非植酸磷	植酸磷	植酸磷占总磷百分比
玉米	0.28	0.08	0.20	71.43
大麦	0.36	0.17	0.19	52.78
麦麸	1.15	0.20	0.95	82.61
豆粕（44％粗蛋白）	0.65	0.27	0.38	58.46
豆粕（48％粗蛋白）	0.62	0.22	0.40	64.52
棉籽粕（41％粗蛋白）	0.97	0.22	0.75	77.32
菜籽粕（38％粗蛋白）	1.17	0.30	0.87	74.36
葵花籽粕（45％粗蛋白）	1.00	0.16	0.84	84.00

注：引自代发文等，2007。

（1）养猪生产中的应用效果：仔猪生长发育状况会影响到其终生生产潜力的发挥以及生产者最终盈利，提高断奶仔猪的生长性能一直是养猪生产系统关注的重点。刚断奶的仔猪本身消化酶分泌不足，植酸的存在使消化障碍更为严重，所以植酸成为限制生长的主要有害因子之一。此外，在早期开食料中若使用高比例的植物源性蛋白，如豆粕和大豆蛋白浓缩物等，会提高饲粮中植酸的水平，降低矿物质的生物利用率，内源性氨基酸等的损失增加。研究证明，仔猪饲粮中添加500～1000国际单位/千克的植酸酶可以使仔猪的日增重提高10%～30%，料重比降低5%～15%，且显著提高饲料中粗蛋白质、钙、磷等营养成分的表观消化率，从而明显改善养殖效益。添加植酸酶可以替代50%左右的磷酸氢钙，显著降低饲料成本。研究证明，生长育肥猪饲粮中添加400～750国际单位/千克的植酸酶，对胴体性状和猪肉品质无显著影响，但可以使其日增重提高6%～20%，料重比降低5%左右，单位增重饲料成本也显著下降。但需注意，当饲粮磷水平较低或不能满足其需要时，添加植酸酶可以显著改善猪的生长性能；当饲粮磷水平满足猪生长需要时，添加植酸酶改善猪的生长性能效果不显著；且生长育肥前期缺磷对猪生长性能的不利影响无法通过后期饲喂常磷来弥补。

（2）影响植酸酶作用效果的因素

①酶活影响植酸酶酶活最重要的因素就是温度和pH　由于植酸酶是一种蛋白质，当处于较高温度下（如制粒时的高温）时，很容易变性失活。据报道，黑曲植酸酶的最适温度为55℃，60℃时活性只保留50%，70℃时活性完全丧失。但目前市场上已有一些耐热性植酸酶供应。以酵母发酵生产的植酸酶，经调质温度为85℃和调质时间为30秒的生产线制粒，结果发现，调质前、调质后和颗粒产品样的酶活回收率分别为104.8%、73.2%和68.2%，此酶样经颗粒料生产全程工序后仍具较高的酶活。在现代饲料工业条件下，高温制粒是常见加工工艺，如何生产耐热稳定性好，

同时在动物体正常温度（37℃，相比制粒为低温）内仍具有较高酶活的植酸酶，是众多饲料加工企业亟须解决的问题。

此外，植酸酶的产品必须采取正确的存储方法（阴凉、避光、干燥处），同时要尽可能缩短储存期，使用有效期内的产品。使用过程中注意遵循生产商的建议。

②钙、磷比例　高钙使钙和磷易形成不溶性盐，对磷吸收起抑制作用。此外，过多的钙易与植酸形成植酸钙，减少了植酸酶与植酸的接触机会，降低了植酸酶的利用效率。一般认为，在低磷水平下添加植酸酶的作用效果较为明显，而磷水平正常时则无显著作用。当仔猪饲粮中有效磷含量分别为 0.18%、0.30%、0.42%和 0.54%时，添加 500 国际单位/千克的植酸酶，其日增重分别提高 17.0%、10.6%、12.0%和 7.8%。此外，饲粮中钙磷比为 1.1～1.4∶1 时，植酸酶作用效果较佳，随着钙磷比的增大，植酸酶的作用效果反而降低。

③与其他物质联用　有机酸或维生素 D 等与植酸酶联用也取得了良好的效果。其中，有机酸可以为植酸酶活性的充分发挥提供一个有利的胃肠环境（适宜多数微生物植酸酶发挥活性的 pH 为 4.5～5.5，为酸性），同时降低胃排空速度，延长植酸酶对底物的作用时间。在仔猪饲粮中，甲酸或乳酸与植酸酶合用，其干物质、粗灰分、钙和磷的消化率显著增加。而维生素 D，能刺激植酸盐的水解，提高植酸酶的利用效率。在添加 600 国际单位/千克植酸酶的基础上，分别添加 10 克/千克柠檬酸、10 克/千克柠檬酸＋100 微克/千克的维生素 D_3，生长猪的日增重进一步提高 1.32%和 8.97%。

④饲粮原料组成　不同的饲粮由于原料组成的差异，植酸酶的应用效果也有所不同。植酸含量较高的饲粮中，植酸酶含量应酌情增加。总之，在饲粮配方设计时（尤其是含有较高谷物性饲粮），应注意根据配方组成估算植酸含量，最终确定植酸酶的添加量。

三、饲养管理技术

41. 如何进行后备种公猪的饲养管理?

后备种公猪的饲养管理目标是：维持良好的体况，既保证体格和肢蹄强健，又不致过肥；通过营养调节，使其初配时性欲旺盛、精液品质良好；通过科学的调教，使其性情温顺，初配时能顺利完成配种任务，提高其配种受胎率。

（1）后备种公猪的饲养　后备公猪必须饲喂营养平衡的公猪专用全价配合饲料，如果公猪很少，在体重 60 千克前可用生长猪料饲喂，后期可用哺乳母猪料饲喂，但必须注意能量和蛋白的比例，特别是矿物质、维生素和必需氨基酸等一定要满足需要，高温季节也可适当增加赖氨酸、维生素 E、维生素 C 的含量，以提高其抗应激能力和精液的质量。

对后备种公猪一般进行限量饲喂，确保其体况不肥不瘦，但要充分保证各器官系统的均衡生长发育。后备种公猪体重 50～60 千克以后，随着消化系统的发育完善，消化能力逐渐增强，不仅食欲旺盛，采食量大增，而且贪睡，这一阶段如不限制采食很容易上膘变肥。所以，后备种公猪的日粮营养水平前期可适当提高，后期应适当降低，其中蛋白质不低于 14%、消化能不低于 13 兆焦/千克，日喂饲料量可根据实际情况（如体况、季节）灵活掌握，一般体重 80 千克以前日喂饲料量占体重 25%～3%，体重 80～120 千克日喂饲料量占体重 20%～25%，体重达到 120 千克以上时，日喂 2.0～2.7 千克的全价料直到参加配种。

对于后备小公猪可适当降低日粮的能量，不让其性成熟提前。在性成熟之前，过高的营养水平会使小公猪过肥，其性欲和性功能从而下降，精液品质也会变差。同时，还应控制饲粮体积，以防止形成垂腹而影响公猪的配种能力。

（2）后备种公猪的管理

①分群饲养　后备种公猪从断奶开始可采用小群饲养，但应保证个体间采食均匀。对体重达 60 千克以上的后备种公猪要单栏饲养，以防互相爬跨、损伤阴茎。

②适时运动　运动对促进后备公猪骨骼和肌肉的正常生长发育、保证良好的种用体况和性行为具有非常重要的作用，饲养后备公猪的圈舍最好配有运动场或提供足够大的活动空间。

③定期称重　每月对后备公猪测量一次体重，既能观察生长速度，又能根据长势及时调整营养水平和饲料喂量，保证具有良好的种用体况。

④调教　在后备公猪的日常饲喂中要在意识地调教，形成和睦的人猪关系，为以后的采精、配种、防疫等操作奠定良好的基础。后备种公猪配种调教和采精训练一般在正式配种前一个月进行，具体时间根据品种而定。国外引进的品种如长白、大约克、杜洛克等瘦肉型猪公猪初次调教年龄一般在 8～9 月龄，体重达到 100 千克，约占成年体重的 50％时开始调教。本地品种公猪其性成熟和体成熟的时间要早于国外种猪，调教和初配年龄相应早一些。

调教一般应安排在固定的、地面平坦且安静的地方进行。调教训练应有耐心，应温和地对待受训公猪，千万不可敲打，使其对人产生信任。

本交调教宜在早晚凉爽时间、空腹进行。调教时，应尽量使用体重相近、性情温和、处于发情高峰的经产母猪，每周调教 1～2 次，每次调教时间 10～15 分钟。刚调教好的公猪，开始配种频率不宜过大，一般每周 2～3 次。

人工采精调教，调教时可将发情母猪的尿液或分泌物涂在假母猪台上，同时模仿母猪的叫声诱发公猪的爬跨欲望；或用直接刺激法，将一头发情母猪赶来让公猪空爬几次，在公猪性兴奋时赶走母猪，让被调教公猪爬假母猪台，这样一般 1～2 周可调教成功。调教成功的公猪在 1 周内隔天采精 1 次（求精量不限），巩固其记忆，以便形成条件反射。对于难以调教的公猪可实行多次短暂训练，每周 4～5 次，每次 15～20 分钟，如果公猪表现出不耐烦或失去兴趣时应立即停止调教训练，改日再进行。

（3）后备种公猪的利用　后备种公猪饲养到一定年龄后，公猪出现了性行为，如爬跨并射出精液。猪的性成熟随品种、饲养管理以及所处环境不同而异，我国地方品种特别是南方的地方猪种性成熟早，而培育猪种和外来引进猪种性成熟晚些。一般来说，地方早熟品种的公猪 3～4 个月达到性成熟，培育和引进猪种要在 6～7 个月才达到性成熟，但这时身体发育还未达到成熟时期，生殖器官和其他组织器官尚未达到完全成熟的阶段。因此，达到性成熟的后备种公猪，并不意味着可以配种利用。最适宜的切配年龄，一般以品种、年龄和体重来确定，地方猪种的后备公猪应在 6～7 月龄，体重 60～70 千克；晚熟的培育猪种和引进猪种要在 8～10 月龄，体重 110～130 千克。刚开始配种时以每周使用 2～3 次为宜。过早配种会影响公猪的正常生长发育，缩短公猪的利用年限，而且导致所配母猪产仔数少，仔猪个小体弱。过晚又会使公猪性情不安，影响正常的生长发育，甚至造成自淫的恶癖。

42. 如何饲养管理后备种母猪？

成功培育后备母猪对提高母猪一生的生产性能影响极大，后备母猪饲养管理得好坏，不仅会影响头胎的产仔数与初生重，而且会影响以后多胎次的生产成绩。

后备种母猪的饲养管理目标为：一是维持良好体况，既保证发育好，又不过肥；二是使后备母猪充分性成熟以达到高繁殖率，提高母猪的使用率；三是根据种源和疾病情况，采取合理的药物保健方案，最大限度地减少疾病传入基础母猪群，确保健康、合格的后备猪转入生产线。

（1）后备种母猪的饲养　后备母猪的营养不同于经产母猪，也不同于育肥猪，其营养状况对其繁殖性能有重大影响。在养猪生产中，可根据后备母猪群膘情情况和配种计划建立优饲、限饲计划，让其在一段时间内体成熟与性成熟均衡发育，从而确保正常发育和正常发情，以期获得最长的利用年限和最佳的繁殖力。有条件的可定期称量体重，与生长发育标准比较优劣，并为调整饲养标准提供依据。

生长期（60 千克前）为保证小母猪的身体得到充分生长发育，应采用自由采食的饲养方式。后备母猪在要求骨骼和肌肉得到充分发育的同时，不能沉积过多的脂肪，生长速度不能过快，还需兼顾生殖系统的发育，因此在后备母猪体重达到 60 千克以后，必须分阶段限量饲喂，所喂饲料必须是后备母猪专用料，不得再饲喂育肥料。培育期（60～100 千克）要供给充足的钙、有效磷和兽用多种维生素，适量添加含纤维素多的青绿饲料、麸皮等，但要限制能量的摄入。诱情期（体重 100 千克至第一次发情）应采用后备母猪料饲喂，仍需限饲。适配期（配种前 10～14 天）应进行短期优饲，比正常料量多 1/3，同时根据母猪的体况可适当地在饲料中加拌一些营养物质，以增加背膘厚度和提高排卵数量。

（2）后备种母猪的管理

①合理分群　在大栏饲养的后备母猪最好每周进行一两次体重大小、强弱分群，体重差异最好不超过 2.5～4.0 千克，以免残弱猪的发生。刚转入的后备母猪每栏 4～6 头，随着日龄和体重的增长逐渐减少每栏的头数，为母猪的吃料、躺卧、排便和运动提供一个宽敞、舒适的空间，促进其正常生长发育。

②加强运动　运动可促进后备母猪骨骼、肌肉正常发育，防

止过肥或肢蹄软弱，而且可增强体质，促进性活动能力的加强。后备母猪可定时进行驱赶运动或室外运动场运动，最好保证每周 2 次或 2 次以上，每次运动 1～2 小时。夏季选择清晨或傍晚凉爽的时间运动，冬季选择中午温暖的时间运动。

③调教　为了以后管理繁殖母猪的方便，后备母猪在培育时就应进行调教。一要严禁对猪只粗暴，建立人与猪的和睦关系，从而有利于以后的配种、接产、产后护理等管理工作；二要训练猪养成良好的生活规律，如定点排粪便等。

④定期称重　定期称量个体重既可作为后备猪选择的依据，又可根据体重适时调整饲粮营养水平和采食量，从而达到控制后备母猪生长发育的目的。

⑤诱情　后备母猪诱情日龄应达到 140 日龄、体重达 95 千克以上，150 日龄、体重 100 千克以上最佳。诱情方法：一是采取混圈和移动，即将后备母猪赶出来活动后再赶回原来的圈舍或者将后备母猪与其他后备母猪进行混圈；二是将后备母猪赶到发情的母猪圈内进行混圈，接受发情母猪的爬跨；三是增加日照时间，保证每天日照时间达 8～10 小时，最多不能超过 12 小时；四是用成熟的性欲较高的公猪与后备母猪进行每天一两次头对头的身体接触，接触时间为 15 分钟，间隔 8～10 小时再接触，接触前公猪要先喂饱，同时确保母猪圈内地板不能太滑和潮湿，料槽和饮水器不会引起公、母猪受伤。如果同圈内的母猪数量较多，那么和公猪接触的时间需要更长一些。接触时为了防止发生交配，选用 10 月龄以上，体重不是太大的公猪诱情最佳。

⑥环境控制　后备猪舍要保持栏舍的清洁干燥、温度适宜、空气新鲜，要提供足够的光照强度和光照时间。后备猪舍温度一般控制在 18℃左右，湿度控制在 60％～75％，切忌潮湿和拥挤，防止腹泻和患皮肤病。做好夏天的防暑降温工作，通风不良、气温过高对后备母猪的发情影响较大，会造成延迟发情甚至不发情。

⑦防疫与保健　后备母猪生长发育过程中必须进行必需的疫苗注射和体内外寄生虫的清除，在配种前 20 天要将所需接种的疫苗和保健全部做完，确保后备母猪顺利投入生产。在妊娠期间除必须注射的疫苗外，一般不进行免疫和用药。后备母猪所需接种疫苗为国家强制免疫的猪蓝耳病疫苗、猪瘟疫苗、口蹄疫疫苗，另接种影响母猪繁殖性能的猪细小病毒、乙型脑炎、伪狂犬病等疫苗，其他视当地疫情情况有针对性接种疫苗。在保健方面选用有效抗生素和驱虫药。

⑧情期管理　饲养管理人员要密切注意观察后备母猪初次发情的时间，5 月龄之后要建立发情记录，6 月龄之后划分发情区和非发情区，以便于其达 7 月龄时对非发情区的后备母猪进行系统处理。发情后备母猪应以周为单位按发情日期进行分批归类管理，并根据膘情做好限饲、优饲计划和开配计划。后备母猪第一次发情一般不配种，安排 10～14 天短期优饲，在第 2 或第 3 次发情时及时配种、初配月龄可根据背膘厚和体重来确定，若配种过早，其本身发育不健全。生理机能尚不完善，会导致产仔数过少及影响自身发育和以后的使用年限、后备母猪也不宜晚配，配种太晚，体重过大，出现肥胖，同时还会增加培育费用。一般说来，早熟的地方猪种生后 6～8 月龄、体重达 60 千克以上即可配种，晚熟的培育品种应在 8～10 月龄、体重达 120 千克开始配种。

（3）后备母猪的淘汰与更新　在饲养管理过程中及时淘汰不合格的后备母猪，尽量减少妊娠期淘汰，以降低损失。后备母猪达 270 日龄从未发情，或者感染繁殖性疾病及传染性疾病而影响生产的，要及时淘汰；病残和治疗效果不佳，如生长缓慢、皮肤苍白、被毛粗乱、眼睛有大量分泌物的后备母猪要及时淘汰；对患有气喘病、胃肠炎、肢蹄病，或者患病后表现渐进性消瘦的后备母猪，应隔离单独观察治疗 2 个疗程，未见有好转的及时淘汰。

同时，按照猪场生产计划及时补充后备母猪，年提供后备母猪数＝基础母猪数×淘汰更新率÷后备母猪培育合格率。

43. 如何进行种公猪的选择？

种公猪的选择从以下几个方面着手：

（1）断奶仔猪的选留

①根据父母代生产性能选择　先选窝，根据父母代生产性能的历史记录进行择优选留，同时考虑近交系数，规避近交系数大于0.3的公猪。其中主要查看父母代的产活仔猪头数、哺乳期成活率、断奶窝重、发育整齐度、是否存在遗传缺陷或畸形等性状。

②根据本身表型性状选择　再选个体，根据仔猪本身的生长发育和外貌进行选留。其中主要查看是否符合本品种（品系）的外形标准、生长发育情况、四肢健壮程度、生殖器官发育情况等。断奶仔猪选留时，数量一定要大，一般是需要更新公猪的4～5倍，即年选留总数应为本场公猪存栏的120%～150%。

（2）3月龄筛选　根据个体的生长发育情况和体型外貌进行“淘汰式筛选”。其中主要查看；体重情况、日增重情况、外形结构、肢蹄结实度等表型性状。此阶段也可结合种猪性能测定初选进行。

（3）6月龄筛选　当后备公猪达到6月龄时，除本身繁殖性能外的表型性状已基本表现出来，因此这一阶段的筛选是选留的重点和关键，此时应综合考查、严格把关、大幅淘汰。

①根据外形筛选　此时选留具体要求：一看外形，要匀称——决定本品种（品系）特征；二看骨骼，要健壮——决定使用寿命；三看生殖器，要发育良好——决定配种繁殖使用；四看躯体，腿臀要平整丰满——决定后代生长发育；五看性欲，要旺盛——决定配种繁殖能力。

②根据生产性能和生长发育情况进行筛选　根据公猪100千克体重时的平均日增重和背膘厚等指标的综合成绩进行筛选，按选择指数的高低进行选留淘汰。

44. 如何饲养种公猪？

饲养种公猪的目的是为了提供高质量的精液给母猪配种，以提高配种效率，最大限度地多繁殖仔猪，公猪质量不佳会造成母猪产仔减少或不孕。因此，养好种公猪是提高母猪产仔数、降低饲养成本、提高经济效益的一项重要保证。

（1）种公猪的营养需要　种公猪的营养是保持其健康体质和旺盛性欲的关键。种公猪过肥或过瘦都不是理想的状况。公猪过肥，易引起贪睡、性欲减弱甚至不能配种，严重时引起睾丸脂肪变性，精子活力不强或发育不健全。

①能量　后备公猪日粮中能量供应不足时，将影响睾丸和附属性器官的发育，性成熟推迟，初情期射精量少。成年公猪的日粮中能量供应不足时，睾丸和其他性器官的机能减弱，性欲降低，睾丸产生精子作用受到抑制或损害，所产生的精液浓度低、精子活力弱。但是种公猪的能量供给也不宜过多，否则过于肥胖，降低甚至丧失其配种能力。

②蛋白质和氨基酸　种公猪日粮中蛋白质的数量与质量，均可影响种公猪性器官的发育与精液品质。发育期间，蛋白质摄入不足会延缓其性成熟；成年公猪饲粮中蛋白质不足，会影响精子形成和减少射精量，但轻微的营养不足（日粮粗蛋白质水平12%）所造成的繁殖性能的损伤可很快恢复。

③矿物质　钙离子能刺激细胞的糖酵解过程，给精子活动提供能量，从而增强精子活动，尤其是鞭毛活动。钙离子还能促进精子和卵子的融合和精子穿入卵细胞透明带。然而，钙离子浓度过高会影响精子活力。磷对精液品质亦有很大影响。后备公猪饲粮含钙0.90%，成年公猪饲粮含钙0.75%可满足其繁殖需要。钙、磷比要求1.25：1。建议每千克公猪饲粮中硒、锰、锌含量应分别不少于0.15毫克、20.0毫克和50毫克。

④维生素　维生素 A 与种公猪的配种能力有密切的关系。若公猪长期缺乏维生素 A，青年公猪性成熟延迟，睾丸显著变小，睾丸产生精子的上皮细胞变性，抑制成年公猪的性欲并导致其生殖腺上皮细胞（主要是睾丸）退化，降低精子数量与质量。补饲维生素 A 和胡萝卜素，可使生殖上皮、精液生成和正常性活动得到恢复。

（2）种公猪饲粮配合与饲喂技术　在常年均衡产仔的猪场，种公猪常年配种使用，全年各月份都要按配种期的饲养标准饲喂。配种期间每天可增加 1～2 个鸡蛋或其他动物性蛋白质饲料，以保证足够的精液数量和良好的精液品质。在寒冷的冬季，应适时调整饲粮的营养水平，使其比饲养标准提高 10%～20%。种公猪的饲粮以精料为主，同时辅以各种青绿多汁饲料，提高营养的全价性和适口性。值得注意的是，公猪的饲粮体积不宜过大，以防公猪腹大而影响配种。饲喂方式以湿拌料日喂 3 次为宜。严禁饲喂发霉变质的饲料或有毒饲料混入种公猪的饲料中。

45. 种公猪的管理要点？

种公猪的管理一般从以下几个方面着手。

（1）建立良好的生活制度　饲喂、采精或配种、运动、刷拭等各项作业都应在大体固定的时间内进行，利用条件反射养成规律性的生活制度，便于管理操作。

（2）分群　种公猪可分为单圈和小群两种饲养方式。单圈饲养单独运动的种公猪，可减少相互爬跨干扰而造成的精液损失，节省饲料。小群饲养种公猪必须从小合群，一般 2 头一圈，最多不能超过 3 头，小群饲养合群运动，可充分利用圈舍、节省人力，但利用年限较短。

（3）运动　加强种公猪的运动，可以促进食欲、增强体质、避免肥胖、提高性欲和精液品质。运动不足，会使公猪贪睡、肥胖、性欲低、四肢软弱且多肢蹄病，影响配种效果，所以，每天应坚持运动种公猪。种公猪除在运动场自由运动外，每天还应进行驱赶运动，上、下午各运动一次，每次行程2千米。夏季可在早晚凉爽时进行，冬季可在中午运动一次，如果有条件可利用放牧代替运动。目前在一些工厂化猪场没有运动条件，不进行驱赶运动，所以淘汰率增加，缩短了种用年限，一般只利用2年左右。

（4）刷拭和修蹄　每天定时用刷子刷拭猪体，热天结合淋浴冲洗，可保持皮肤清洁卫生，促进血液循环，少患皮肤病和外寄生虫病。这也是饲养员调教公猪的机会。使种公猪温驯听从管教，便于采精和辅助配种。

要注意保护猪的肢蹄，对不良的蹄形进行修蹄，蹄不正常会影响活动和配种。

（5）定期检查精液品质和称量体重　实行人工授精的公猪，每次采精都要检查精液品质。如果采用本交，每月也要检查1～2次精液品质，特别是后备公猪开始使用前和由非配种期转入配种期之前，都要检查精液2～3次，严防死精公猪配种。种公猪应定期称量体重，可检查其生长发育和体况。根据种公猪的精液品质和体重变化，调整日粮的营养水平和饲料喂量。

（6）防止公猪咬架　公猪好斗，如偶尔相遇就会咬架。公猪咬架时应迅速放出发情母猪将公猪引走，或者用木板将公猪隔离开，也和用水猛冲公猪将其撵走。最主要的是应预防咬架，如不能及时平息，会造成严重的伤亡事故。

（7）环境控制

①温度　公猪饲养最适宜的环境温度是18～20℃。冬季猪舍要防寒保温，以减少饲料消耗和疾病的发生。夏季要防暑降温，因为公猪个体大，皮下脂肪较厚，加之汗腺不发达，高温对其影响特别严重，轻者食欲和性欲降低，重者精液品质下降，出现死精和无精的现象，有的甚至中暑死亡。当环境温度高于

33℃，公猪深部体温超过40℃（正常体温39℃）时，就会导致睾丸温度升高。公猪的睾丸温度升高，此时在附睾中发育的精子就会受到伤害，精子活力降低，畸形精子数增加，活精子数明显减少。与此同时，高温还会影响公猪性兴奋和性欲，造成配种障碍。种公猪在33℃的高温条件下处理72小时，其精液品质受到严重的影响，表现出精子活力下降、总精子数和活精子数减少、畸形精子数增加，因而使与配母猪妊娠率下降，胚胎成活率降低。从影响时间来看，处理58天后精液品质才恢复正常。可见高温对种公猪有非常大的影响。

②湿度　公猪饲养最适宜的相对湿度为60%～75%。舍内湿度过高特别是猪床过于潮湿，对公猪的生长发育、自身抵抗力和采精能力都有影响；低温高湿会加剧体热的散失，加重低温对猪只的不利影响；高温高湿会影响猪只的体表蒸发散热，阻碍猪的体热平衡调节，加剧高温对猪只影响。

③光照　猪舍光照时间和光照强度对公猪的健康和生产性能有着重要的影响。良好的光照条件，不仅可以促进公猪正常的生长发育，还可以提高繁殖力和抗病力，并能改善精液的品质。公猪每天光照时间要有10小时左右。

④有害气体　猪舍内的有害气体包括氨气、硫化氢、二氧化硫、一氧化碳和二氧化碳等，当猪舍内的有害气体超过一定的阈值，就会影响公猪的生产性能。

（8）种公猪的利用

①掌握好初配年龄　青年种公猪的初配年龄，常常随其品种、气候和饲养管理条件等条件的不同而有所变化。虽然有些种猪性成熟较早，但并不意味着就可以马上配种利用。如果配种时间过早，不仅会影响到公猪今后的生长发育，而且所生仔猪数量较少，体小而弱，生长缓慢，缩短公猪的利用年限。如果初配时间过迟，也会影响公猪的正常性机能活动和降低繁殖力。

种公猪最适宜的初配年龄，应根据猪不同品种、年龄和生长发育情况来确定，一般宜选在性成熟之后和体成熟之前配种。培育品种不早于8～9月龄，体重不低于110千克。

②掌握好配种强度　初配青年公猪一般以每周使用2～3次为宜，2～4岁的壮年公猪在配种旺季，每日可交配1次，必要时可交配2次，2次交配时间间隔为8～12小时，同时每周至少休息1～2天，在分散饲养及非季节性产仔情况下，1头成年公猪可负责25头母猪的配种任务，但在季节性产仔时，只可负担15头左右母猪的配种。

③选择适宜的配种时间　夏季安排在早晨与傍晚凉爽时进行，冬季安排在上下午天气暖和时进行，配种前后1小时不要喂食，配种后不要立即给公猪饮凉水和冷水冲洗。

④配种场地　配种时最好有专门的场地，地面要求平坦而不滑，以利配种进行，公猪1次交配的时间很长，为3～25分钟，交配时切不可有任何干扰。每次配种完毕，应让公猪自由活动十几分钟，然后再赶回圈内，并给些温水让其自饮。

（9）免疫消毒　定期消毒，1周2次带猪消毒，每天要更换猪舍门口踏脚盆的消毒液。根据本场免疫计划和免疫程序接种疫苗。

（10）公猪的淘汰　连续3次精液检查活力低于0.6、密度达不到中级或精子畸形率超过30%的公猪；性情暴躁的公猪；后代有遗传缺陷如阴囊疝、脐疝、杂毛等的公猪；繁殖性能差如产仔数低、受胎率低的公猪；性欲下降、无法配种以及采精、年龄过老（使用2年以上）的公猪应及时更新淘汰。

46. 空怀母猪的饲养管理养殖技术？

空怀母猪是哺乳母猪断奶后至再次发情配种这一段时期内的母猪，从广义上讲，还包括到初配年龄的后备母猪。养好空怀母猪不仅能增强母猪体质，而且还能增加母猪的产仔数，减少母猪难产和不发情症状，延长母猪的使用年限，提高猪场的经济效益。

空怀母猪饲养管理的目标是尽快恢复母猪正常的种用体况，能够正常发情、排卵、配种，尽量缩短空怀期，提高母猪配种受胎率。

（1）空怀母猪的饲养　在正常情况下，母猪应保持七八成膘，这样在断奶后3～10天即可发情配种，开始下一个繁殖周期。母猪太瘦会出现不发情、排卵少、卵子活力弱、受精能力低，并易造成母猪空怀；母猪太肥，也会造成同样的结果。因此，空怀母猪在配种前的饲养十分重要。

①在配种准备期应供给营养全面的日粮，使其快速恢复种用体况，正常发情排卵。空怀母猪日粮营养水平比其他母猪要低，但要重视蛋白质和能量的供给量，每千克饲料一般含消化能为11.70～12.10兆焦/千克，粗蛋白12%～13%。蛋白质不仅要考虑数量，还要注意品质，如蛋白质供应不足或品质不良，会影响卵子的正常发育，使排卵数减少，受胎率降低。空怀母猪日粮中应供给大量的青绿多汁饲料，这类饲料富含蛋白质、维生素和矿物质，对排卵数、卵子质量和受精都有良好的影响，也利于空怀母猪迅速补充泌乳期矿物质的消耗，恢复母猪正常的繁殖功能，以便及时发情配种。

②对于哺乳后期膘情不好、过度消瘦的母猪，特别是泌乳力高、产仔多的母猪，因哺乳期间消耗营养很多，此时不用减料，采用短期优饲的饲喂方法，尽快在短时间内增膘复壮，促使母猪发情配种。断奶当天应该继续饲喂饲料，在配种前用高营养浓度的催情料（或继续喂哺乳母猪料）促进母猪排卵发情，从断奶第二天开始加大饲料喂量，每头每天喂到3.5～5千克，经过2～3天的短期优饲，在断奶后7天内绝大部分母猪（占断奶母猪的85%～95%）表现发情可参与配种。断奶膘情过差的母猪自由采

食，待下一个情期再参加配种。

③对于膘情很好、体况在八成膘以上的母猪，应减少配合饲料喂量，增加青粗饲料，并加强运动，使其恢复到适度膘情，发情正常后再配种。

（2）空怀母猪的管理

①小群饲养　空怀母猪可根据膘情分群饲养，瘦弱的猪要单独补饲复壮。每圈饲养3～5头，群养群饲，定时喂料，防止互咬互斗，当群内出现发情母猪互相爬跨时，可诱导其他空怀母猪发情。同时也可用试情公猪试情，一旦发现母猪出现呆立反应，阴部肿胀或吊液（黏液增多），即可配种。为提高受胎率，直进行重复配种，可在一个情期内配2～3次。一般在发情开始后19～20小时初次配种，间隔12～18小时后再次配种，这样可以有效地减少因配种技术因素而导致的空怀。

②创造适宜的环境　环境条件对母猪发情和排卵都有很大影响。空怀母猪舍要保持干燥、清洁，温度适宜，通风、光照良好，冬季要防寒保暖，可减少饲料消耗和疾病的发生。夏季要防暑降温，以保障正常空怀母猪发情排卵、配种受胎。空怀母猪适宜的饲养温度为15％～18℃，相对湿度为65％～75％。

③断奶后及时消毒和驱虫　在母猪断奶转到空怀圈后，应立即用气味浓的消毒药进行逐头冲洗，彻底地消毒洗澡一次（冬天注意水温），既起到消毒的作用，又起到除去不同个体的体味、减少咬斗致残的可能。在断奶当天第一餐采食量不高的情况下，于第二餐或第三餐料中添加左旋咪唑，以在配种前驱除体内外寄生虫，为母猪妊娠打好基础。

④做好查情和母猪保健工作　管理人员应每天早晚两次观察并记录空怀母猪发情状况，饲喂时观察其健康状况，发现病猪及时治疗。流产、配种后两个情期以上空怀的、断奶延迟不发情的及生殖道炎症的母猪等应积极采取催情或者治疗处理，尽可能早地投入到生产中。

47. 控制母猪正常发情的方法？

为使母猪群配种和产仔相对集中，便于管理，为增加母猪年产仔窝数，都需要控制母猪提早发情。

母猪产仔后通常出现三次发情，第一次发情是在产后 2～7 天，发情征状不明显，不能正常排卵受胎；第二次发情是产后 22～32 天，征状亦不很明显，但若配种能够受胎，亦不会影响泌乳和生产成绩；第三次发情是在断奶后 10 天内。控制发情的时期应在第二和第三次发情阶段。此外，也有些母猪长期不发情或屡配不孕，这大都是由于饲养管理不当或生殖器官疾患所致。为了能让不发情母猪恢复发情或要求母猪群同期发情配种，可采取以下办法。

（1）用试情公猪逗情　用试情公猪追逐准备配种的不发情母猪，或与母猪同圈，由于母猪接触公猪的异性刺激，能通过神经反射作用，引起脑下垂体分泌促卵泡激素，从而促使母猪发情排卵，群众称“逗情”。此法简便易行，是一种有效方法。另一种简便办法是，利用录音公猪求偶声的条件反射作用试情，一日进行数次，连日试情，这种生物模拟的作用，效果亦很好。

（2）并圈　将不发情母猪，调换到另一圈内，让它与正在发情的母猪短期合圈饲养，通过发情母猪的爬跨，有促进母猪发情排卵的作用。

（3）乳房按摩　对不发情的母猪，可采用乳房按摩方法，促进母猪发情。方法是每天早晨喂食后，用手掌按摩每个乳房共约 10 分钟，经过几天出现发情征状后，再每天进行乳房表层按摩和深层按摩各 5 分钟。在配种的当天可实行 10 分钟的深层按摩。深层按摩是用手指尖端放在乳头周围皮肤上，不要触动乳头作圆周运动，按摩乳腺层，如此按摩每个乳房。表层按摩的作用是加强脑垂体前叶的机能，使得卵泡成熟，促使母猪发情；深层按摩能加强脑垂体作用促使分泌黄体生成素，促进排卵。

（4）运动　加强母猪运动，实行放牧、放青，有利于母猪发情。据试验，对20头母猪进行5～10千米的驱赶运动，结果5天后有6头母猪发情。一般对膘情正常而不发情的母猪，通过运动都有显著效果。

（5）并窝和控制哺乳时间　如猪场有多数母猪比较集中产仔，则可根据情况，把部分产仔少或泌乳力差的母猪所生的仔猪全部寄养给其他母猪哺育。这样可以使这些母猪很快提早发情配种。

对已认上料的仔猪，可采取母仔隔离，减少哺乳次数，每隔4小时哺乳1次的办法，控制仔猪哺乳的时间，一般可促使母猪提早发情。

（6）提早断奶　母猪哺乳30天左右即断奶，一般1周内即可发情。

（7）利用激素催情　给不发情母猪，按每10千克体重注射绒毛膜促性腺激素（HCG）100单位或孕马血清（PMSG）1毫升，有促进母猪发情排卵的效果。

48. 促进空怀母猪发情排卵的技术措施？

（1）空怀母猪不发情原因

①在妊娠期特别是哺乳期营养不足　产仔、带仔数多，哺乳期失重过多，会造成母猪断奶时过瘦，抑制了下丘脑产生促性腺激素释放因子，降低了促黄体素和促卵泡素的分泌，推迟了经产母猪的再发情。

②母猪体况过肥　由于母猪食欲旺盛，致使母猪过肥，卵泡及其他生殖器官被许多脂肪包围，母猪排卵减少或不排卵，母猪不发情或屡配不孕。

③　霉菌毒素的影响　近年来造成母猪不发情或屡配不孕的

一个重要原因是霉菌毒素，主要是玉米发霉变质产生的霉菌毒素，危害最大的是赤霉烯酮 F_2 和 T_2，可引起母猪出现假发情，即使真发情，配种难孕，孕猪流产或死胎。

④环境因素

热应激：当气温在32℃以上配种，母猪的返情率急剧上升可达10%～20%。

通风不良：空气污浊，氢气、甲烷、硫化氢等有毒气体增多，可使母猪发情不正常。配种妊娠后产仔少，死胎增多。

⑤生殖系统疾病　子宫内膜炎引起的配种不孕是非传染性疾病导致母猪繁殖障碍的一个主要疾病。在屡配不孕的淘汰母猪中很大一部分是因为子宫内膜炎所致，主要原因是配种时或分娩时及分娩后操作不当，将细菌带入子宫内；产后胎衣不下，恶露不净时也诱发本病。特别是初配母猪发生率更高。

⑥传染病因素　病毒性感染，如蓝耳病、猪瘟、伪狂犬病、乙型脑炎、细小病毒病多见。细菌性感染，以布鲁氏菌病、结核杆菌病、链球菌病等为主。寄生虫感染，以猪弓形虫病为主。

（2）促进空怀母猪发情排卵的措施

①公猪诱导法　用试情公猪追逐久不发情的母猪，由于母猪接触公猪受到刺激后，通过神经系统使脑下垂体产生促卵泡成熟激素，从而使空怀母猪发情排卵。如无试情公猪，也可用发情母猪或刚配过种的母猪爬跨或接触不发情的母猪，或播放公猪求偶声录音，利用条件反射作用试情，连日播放，也能收到催情排卵的效果。

②调换圈舍　对久不发情并单独饲养的母猪，应及时调整到有发情母猪的圈舍合并调养，发情母猪的爬跨及周围环境的改变、同圈猪群的变化，有促进母猪发情排卵的作用。

③调整营养水平　空怀母猪过肥或过瘦都可能不发情，这时应根据实际情况改变饲喂方式，如空怀母猪肥胖，应减少饲喂次数，或不喂精料，使空怀母猪的膘情保持在七八成膘。如母猪因

瘦弱不发情，可适当增喂精料（如玉米等）和青饲料，因为青饲料中，除含有多种维生素外，还含有一些类似雌激素的物质，具有催情作用。

④仔猪早期断奶　为减轻母猪的负担，将仔猪提前断奶，母猪可提前发情，增加妊娠次数。规模化猪场一般将哺乳期缩短至28天或更短，农户养猪也应将断奶日龄缩至40天以内。

⑤加强运动　将不发情的母猪放入舍外大圈群养，增加运动量。有条件的可每天进行驱赶运动。运动可促进新陈代谢，改善膘情，接受日光照射，呼吸新鲜空气，促进发情排卵。

⑥按摩乳房　对不发情母猪，可采用乳房按摩方法，促进其发情。每天早晨饲喂后，用手掌进行表层按摩每个乳房共10分钟左右，经过几天母猪有了发情症状后，再进行表层和深层按摩乳房各5分钟。配种当天深层按摩10分钟。表层按摩加强脑垂体前叶机能，促使卵泡成熟，促进发情。深层按摩是用手指尖端放在乳头周围皮肤上，不要触动乳头，作圆周运动，按摩乳腺层，依次按摩每个乳房，主要是加强脑垂体的作用，促使分泌黄体生成素，促进排卵。

⑦药物催情　对不发情母猪利用孕马血清（PMSG）、绒毛膜促性腺激素（HCG）、PG-600、雌激素、前列腺素等治疗（按说明书使用），有促进母猪发情排卵的效果。当然，还可采用中药催情，如市售的中药催情散等。

⑧药物冲洗　由于子宫炎引起的配后不孕，可在发情前1～2天，用出的食盐水或0.1%的高锰酸钾，或1%的雷佛奴尔冲洗子宫，再用1克金霉素（或四环素、土霉素）加100毫升蒸馏水注入子宫，隔1～3天再进行一次，同时口服或注射磺胺类药物或抗生素，可收到良好效果。

⑨同期发情　所谓同期发情，是指利用某些激素制剂人为地控制并调整一群母猪发情周期的进程，使之在预定的时间内集中发情，以便有计划地组织配种。其常用的处理方法：一是在哺乳

期的适当时间，使一群母猪同时断奶，在不使用任何药物的情况下，造成自然的同期发情；二是使一群母猪同期断奶后，同时给每头母猪注射孕马血清（PSMG）750～1500 国际单位，可以提高效果。如在注射孕马血清（PSMG）的同时，或经 3～4 天以后，再注射绒毛膜促性腺激素（HCG）500 国际单位，则效果更好。

对青年母猪和断奶母猪肌注 30～40 毫克氯地酚（又称可罗米酚），也可引起同期发情。外阴部征状明显，剖检后观察，卵泡发育和排卵正常。

国外常用的猪同期发情处理药物为米地布尔，周期性发情的母猪，每日口服 100～150 毫克（混于饲料中），共 20 天，停药时注射孕马血清（PSMG）或再加绒毛膜促性腺激素（HCG），可在停药后第 5～7 天内引起 80%以上的母猪同时发情。该药对抑制母猪发情效果明显，停药后即造成同期化发情。大规模试用结果表明，周期受胎率可达 70%左右。

49. 如何做到在适宜的时间给母猪配种？

所谓适宜的配种时间，就是使尽可能多的、有活力的卵子与精子相互结合，提高受胎率和增加胚胎数量的配种时间。

要想做到适时配种，首先应掌握母猪发情排卵规律，然后根据精子和卵子在母猪生殖道内保持受精能力的时间来全面考虑。

（1）发情母猪的排卵规律　发情期是母猪接受公猪爬跨和交配的时期，也是母猪排卵的持续期。母猪排卵一般在促黄体素峰出现后 40～42 小时，由于母猪是多胎动物，在一个发情期中多次排卵，排卵最多的时间是在母猪接受公猪交配后 30～36 小时；假如从外阴唇红肿算起，在发情 38～40 小时之后。

猪的排卵数也有一定的变化幅度，国外引入品种猪的排卵数是最少为 8 个，最多为 21 个，平均为 14 个。不同年龄之间有差异，经产母猪平均为16.8个，初产及二胎母猪平均为12.7个。我国地方猪种初产母猪排卵数平均为15.52个，经产母猪平均为22.62个。

（2）母猪适宜配种时间的确定　受胎是精子和卵子在输卵管内结合成受精卵，以后受精卵在子宫内着床发育的过程。母猪配种后是否受胎，掌握合适的配种时间至关重要。因为母猪发情后，不是一下子将成熟卵子全部排出，而是在一定时间里分批排出，所以配种时间应根据母猪的排卵时间、精子在母猪生殖道内保持受精能力的时间及精子获能时间等来确定。

一般来说，母猪发情后24～36小时开始排卵，排卵持续时间10～15小时，排出的卵子保持受精能力的时间为8～12小时。精子在母猪生殖器官内保持有受精能力的时间为10～20小时，配种后精子到达受精部位（输卵管壶腹部）所需的时间为2～3小时。据此计算，适宜的交配或输精时间是在母猪发情后20～30小时。交配过早，当卵子排出时，精子已丧失受精能力；交配过晚，当精子进入母猪生殖道内，卵子已失去受精能力，两者都会影响受胎率，即使受精也可能因结合子活力不强而中途死亡。

在生产实践中一般无法掌握发情和能够接受公猪爬跨的确切时间，所以母猪适宜配种的时间，多按母猪发情的症状表现来决定，即当发情母猪阴户红肿稍减退出现皱纹，流出白色丝状黏液，性情变得稍微安静伏卧，接受公猪爬跨，或者通过人手按压或人脚踩压母猪腰脊背或臀部时，表现呆立不动，此时属于发情中期排卵高峰阶段，为最适宜的配种时间。这时让母猪第一次配种或输精，过8～12小时后再进行第二次配种，则能获得较好的效果。

为准确判断适宜配种时间，应每天早、晚两次利用试情公猪对待配母猪进行试情（或压背反射）。就品种而言，地方猪种发情后宜晚配（发情持续期长），引进品种发情后宜早配（发情持续期短），杂种猪居中。就母猪年龄而言，老配早，小配晚，不老不小配中间。但近年的研究趋向是早配，即母猪出现发情征状后24小时，只要肯接受公猪爬跨，即配第一次，第一次交配后18～24小时再配第二次，如果第二次交配后经18～24小时，母猪还愿意接受公猪交配，则可再配一次。

50. 如何进行母猪的妊娠诊断？

母猪妊娠诊断是繁殖管理的一项重要内容，早期诊断具有重要意义；及早发现妊娠母畜，采取相应保胎措施，防止误配；及早发现空怀母猪，进行配种或治疗，提高经济效益。常用的妊娠诊断方法可以概括为以下八种。

（1）外部观察法　发情规律正常的母猪，妊娠后一般不再发情，而且神态安静，行动谨慎，当其他猪接近时表示厌烦；母猪的外阴部干燥，皱褶收缩明显；食欲增进，膘情好转，被毛光滑；母猪妊娠后2个月，腹围增大，下腹部突出，在妊娠后期可以看到胎动；在母猪配种后两个半月，腹壁触诊可感觉到胎儿。该方法不用任何仪器或药物且简单易行，在养猪生产中广泛应用。

（2）直肠检查法　一般是指体型较大（150千克以上）的经产母猪，通过直肠用手触摸子宫动脉，如果有明显波动则认为妊娠，一般妊娠后30天可以检出。但由于该方法只适用于体型较大的母猪，有一定的局限性，所以在猪场使用不多。

（3）发情规律判断法　母猪发情周期是18～23天，平均为21天，在正常的情况下母猪妊娠后就不再表现发情征状。因此，可从母猪配种后的18天开始注意观察，如果在1周左右不见母猪表现发情征状，就可初步判断母猪已经妊娠。生产实践中，分别于母猪配种后的18～23天母猪妊娠诊断是繁殖管理的一项重要内容，早期诊断具有重要意义；及早发现妊娠母畜，采取相应保胎措施，防止误配；及早发现空怀母猪，进行配种或治疗，提高经济效益。

（4）妊娠母猪体重判断法　母猪妊娠后即进入妊娠期，胚胎不断地生长发育，同时在各种激素的作用下，母猪本身的各组织器官也发生了一系列变化。在正常饲养管理情况下，整个妊娠期经产母猪可增重 40～50 千克，初产母猪可增重 50～60 千克。在妊娠初期，胚胎重量很轻，绝对增重不高，60 天以后增重速度逐渐加快。90 天以后胎儿增重十分迅速，胎儿体重的 60%是在这一时期增加的。

（5）超声波测定法　利用超声波感应效果测定动物胎儿心跳数，从而进行早期妊娠诊断。配种后 20～29 天的诊断准确率为 80%，40 天以后的准确率为 100%。测定时，将超声波诊断仪的探触器贴在猪腹部（右侧倒数第二个乳头）体表发射超声波，根据胎儿心跳动感应信号或脐带多普勒信号音来判断母猪是否妊娠。一般在 28 天时有较高的检出率，可直接观察到胎儿的心动。因此，不仅可确定妊娠，而且还可以确定胎儿的数目，晚期还可以判定胎儿的性别，伤无痛，可重复使用，缺点是一次性投资较高。

（6）尿中雌激素测定法　孕酮与硫酸接触会出现豆绿色荧光化合物，此种反应随妊娠期延长而增强。其操作方法是将母猪尿液 15 毫升倒入大试管中，加浓硫酸 5 毫升，加温至 100℃，保持 10 分钟，冷却至室温，加入 18 毫升苯，加塞后振荡，分离出有激素的层，加 10 毫升浓硫酸，再加塞振荡，并加热至 80℃，保持 25 分钟，借日光或紫外线灯观察，若在硫酸层出现荧光，则是阳性反应。母猪配种后 26～30 天，每 100 毫升尿液中含有孕酮 5 微克时，即为阳性反应。这种方法准确率可达 95%，对母猪无任何危害。

（7）诱导发情检查法　在发情结束后第 16～18 天注射 1 毫克己烯雌酚，未孕母猪在 2～3 天内表现发情；孕猪无反应。

（8）阴道活组织观察法　阴道前端黏膜上皮细胞层数和上皮

厚度作为妊娠诊断的依据。超过 3 层者为未孕，2～3 层者定为妊娠。注意使用该方法一定要慎重，如果使用不当会造成流产或繁殖障碍。

上述方法准确率一般为 80％～95％。从上述诸多方法可知，进行妊娠诊断是以配种后一定时间作为检查依据，因此，对于一个现代化的规模养猪场，做好配种及繁殖情况记录是极为重要的，它们是繁殖管理科学化的重要依据。必须做好原始资料的记录、保存和整理工作。

母猪配种或输精后，应及早进行妊娠诊断，以便采取针对性饲养管理措施。通过妊娠诊断，对确诊为妊娠的母猪，可以按照妊娠母猪所需要的条件，加强饲养管理，确保母猪和胎儿的健康，防止流产；对确诊未妊娠的母猪，可查明原因，及时改进措施，查情补配，提高母猪的繁殖率。

51. 如何进行妊娠母猪的饲养管理？

（1）选择适当的饲养方式　饲养方式要因猪而异。对于断乳后体瘦的经产母猪，应从配种前 10 天起开始增加采食量，提高能量和蛋白质水平，直至配种后恢复繁殖体况为止，然后按饲养标准降低能量浓度，并可多喂青粗饲料。对妊娠初期膘情已达 7 成的经产母猪，前、中期只给予低营养水平的饲粮便可，到妊娠后期再给予丰富的饲粮。青年母猪由于本身尚处于生长发育阶段，同时负担胎儿的生长发育，哺乳期内妊娠的母猪要满足泌乳与胎儿发育的双重营养需要，对这两种类型的妊娠母猪，在整个妊娠期内，应采取随妊娠日期的延长逐步提高营养水平的饲养方式。不论是哪一类型的母猪，妊娠后期（90 天至产前 3 天）都需要短期优饲。一种办法是每天每头增喂 1 克以上的混合精料。另一种办法是在原饲粮中添加动物性脂肪或植物油脂（占日粮的 5％～6％），两种办法都能取得良好效果。许多研究证实，在母猪妊娠最后两周，日粮中添加脂肪有助于提高仔猪初生重和存活率。这是由于随血液循环从母体进入胎儿中的脂肪酸量增加，从而提高了用于合成胎儿组织的酰基甘油和糖原的含量、使其初生仔猪体内有较多的能量（脂肪和糖原）储备，从而有利于仔猪出生后适应新的环境。同时，母猪初乳及常乳中的脂肪和蛋白质含量也有所提高。试验证明。在母猪妊娠的最后两周、用占日粮干物质6%的饲用动物脂肪或玉米油饲喂，仔猪初生重可提高10%～12%，每头母猪一年中的有成仔猪数可增加1.5～2头。

（2）掌握日粮体积　要考虑三方面：保持预定的日粮营养水平；使妊娠母猪不感到饥饿；又不感到压迫胎儿。操作方法是根据胎儿发育的不同阶段，适时调整精粗饲料比例，后期还可采取增加日喂次数的方法来满足胎儿和母体的营养需要。

（3）讲究饲料品质　无论是精饲料还是粗饲料，都要保证其品质优良，不喂发霉、腐败、变质、冰冻或带有毒性和强烈刺激性的饲料，否则会引起流产。饲料种类也不宜经常交换。饲料变换频繁，对妊娠母猪的消化机能不利。

（4）精心管理　对妊娠母猪要加强管理，防止流产。夏季注意防暑，严禁鞭打，跨越污水沟和门栏要慢，防止拥挤和惊吓，防止急拐弯和在光滑泥泞的道路上运动。雨雪天和严寒天气应停止运动，以免受冻和滑到，保持安静。妊娠前期可合群饲养。后期应单圈饲养，临产前应停止运动。

52. 母猪分娩前的准备工作？

（1）产房的准备　准备的重点是保温与消毒。分娩前应预备好保温良好的产房，首先要修好产房并对供暖或保温设备应很好地检修，尤其是在北方冬季分娩时显得更为重要。若没有保温产房，必须有仔猪保温小圈。小圈内设有红外线灯或电热板等电热设备。

若没有专用产房，应想办法找个空闲的屋子或密闭圈舍作为临时产房，以确保安全分娩。冬季尤其是北方最好别在密闭圈分娩。

产前消毒事关重要。众所用知，腹泻是育仔中最大难题之一，而腹泻发生的主要原因是由病毒、细菌和寄生虫等引起的。另外由于母猪分娩后体力下降，各种病原微生物也乘虚而入，常引起母猪产后发热拒食。因此，为确保母仔产后平安，减少仔猪腹泻，防止母猪产后感染，搞好产前消毒是关键环节之一。一般于产前10～15天进行全场大清扫、大消毒。消毒应该是整体性的，不能只局限于产圈。对环境、田舍、过道、墙壁、地面、围墙、饲槽、饮水器具等要先用高压水冲洗，再用2%～3%的火碱水喷洒消毒。24小时后再用高压水冲洗。墙壁最好用20%石灰乳粉刷。地面若潮湿，可撒些生石灰，待接触水后，也就成了石灰乳，有消毒作用。应加强通风，以保持产房干燥。产房温度以15～18℃为宜。

在没有采暖设备的产房，入冬前应备好干燥的、柔软的、铡短的（20厘米左右）垫草备用。

（2）物品的准备　母猪产前，可根据需要准备好毛巾、抹布、水桶、水盆、消毒药品、5%的碘酊、催产药物、剪刀、缝合线、缝合针、备用保险丝、灯泡及风灯。若冬季分娩还应准备好防寒用品，最好再预备一些25%的葡萄糖溶液，以备抢救仔猪之用。若是种猪场还应准备好记录本、秤、耳号钳子、耳标钳子与耳标。

53. 提高母猪泌乳量的主要措施有哪些?

（1）给母猪提供高质量的配合饲料或混合饲料　在哺乳期，母猪要把大量的饲料转化为乳汁供给仔猪，除动用自身积蓄外，大部分要利用外界提供的饲料。因此，有条件的猪场应为泌乳母猪配制全价配合饲料或营养被全面的混合饲料。因为配（混）合饲料适口性好，含有适宜的能量、蛋白质、维生素和无机盐等营养素。这些营养物质可以满足生成乳汁的需要。如果饲料条件不太好，可以把多种作物饲料混合在一起，再补喂一些动物性饲料（如鱼粉等），效果会更好。鱼粉中蛋白质含量多，蛋白质中氨基酸种类齐全，且各氨基酸之间比较平衡。

（2）给母猪适当增加青绿多汁饲料　由于青绿多汁饲料适口性好，水分含量高，因此，在母猪饲料中适当搭配一些高质量的青绿多汁饲料，可提高泌乳量。青绿饲料中含有一种叫酚氧化酶的有机物质，这种物质能参与泌乳活动，可起增强泌乳能力的作用。但饲喂的青绿饲料一定要新鲜，喂量要由少到多。

青绿饲料越新鲜品质越好，营养越丰富。堆积多时，发热变黄的青绿饲料，适口性差，营养损失量大，故要少喂；腐败霉烂的青绿饲料，还会引起母猪中毒死亡，绝不能喂。

母猪在哺乳期间加喂青绿多汁饲料，应当由少到多，逐渐增加，而且青绿饲料要与配（混）合精饲料适当搭配，精饲料与青绿饲料的比例为1∶1～2。最好用打浆机把青绿饲料打成青浆，混于精饲料中饲喂。在母猪临分娩前和分娩后的10天内，或仔猪断奶前的7～10天内，要控制青饲料的供给量，以防母猪患乳房炎。

长期以来，群众的实践经验证明，夜间给哺乳母猪补食1次青绿饲料，对促进泌乳有显著的作用。

（3）保持母猪良好的食欲和体况　母猪良好的食欲是保证高泌乳力的重要因素，只有吃得多，才能转化得多。母猪食欲的好坏与饲料质量和饲喂方法有直接关系。要喂给适口性好、质量高的饲料，保持母猪的食欲旺盛；饲料的种类要稳定，不要经常更换。

根据母猪体况，做好母猪产前减料、产后逐渐增料的工作。

膘情较好的母猪，一般在产前3～5天开始减料。特别肥胖的母猪，也可在产前10天左右开始减料。在分娩当天可以停喂，产仔时或产后几小时，可以给母猪饮喂温麸皮水（1份麸皮加10份水）。产后要逐渐给母猪加料，一般在产后5～7天把料加到正常喂量。肥胖的母猪、泌乳多的母猪，可在产后7～10天加到正常喂量，切不可加料过急，以防影响母猪食欲和发生乳腺炎。对于疲弱的母猪，不但不应减料，还应适当加料。母猪发生乳腺炎的，应及时注射抗菌药物消炎。

（4）保持良好的饲养管理环境　泌乳母猪圈舍应保持干燥、清洁、空气新鲜、阳光充足、环境安静。最适宜的温度应为15～25℃，相对湿度不应超过75%。这样的环境可以提高采食量，提高营养物质转化率，增加泌乳量。嘈杂的环境和对待母猪的粗暴行为，都会对母猪的泌乳量产生不良影响。在生产实践中，常常看到这样的情况，当母猪给小猪哺乳时去喂料，或者猪舍内嘈杂，或者对母猪有惊扰动作，往往使母猪立即中断哺乳。反复出现这种情况，将严重影响母猪的泌乳能力。

54. 仔猪断奶日龄及断奶办法？

断奶仔猪也叫保育猪，是指从断奶至70日龄左右的仔猪，此阶段的仔猪生长发育很快，对环境的适应能力明显增强，但其消化能力和抵抗力还没有发育完全，如饲养管理不当，很容易造成生长发育缓慢，形成僵猪，甚至患病和死亡。

断奶的仔猪由原来依靠母猪生活过渡到完全独立生活，对仔猪来说，断奶是次强烈的应激。若断奶日龄过小或方法不当，应激反应大，容易导致消化不良、腹泻、消瘦、抗病力下降、死亡率高；若断奶日龄过大，则会降低母猪的利用率，延迟母猪发情，而且还会抑制仔猪的迅速生长。为减少仔猪断奶应激，生产中必须重视仔猪断奶的技术措施。

（1）仔猪断奶日龄　仔猪断奶日龄关系到整个猪群的饲养管理、工艺流程和母猪群的繁殖效率。不同类型的猪场，其仔猪的断奶日龄也不一致，如21、28和35天等。通常将仔猪出生后的3～4周龄断奶称为早期断奶。

仔猪早期断奶是提高养猪生产水平的重要措施：一是可缩短母猪的产仔间隔，从而增加母猪的年产胎次和年产仔数；二是可提高仔猪的饲料利用率（仔猪直接利用饲料比通过乳汁再利用的效率高），从而节省大量饲料；三是有利于仔猪的生长发育，仔猪不受母猪泌乳量下降的影响；四是减少了仔猪垂直感染更多疾病的风险，尤其是减少了大肠杆菌病的发生；五是提高了分娩猪舍和设备的利用率。因此，现代养猪生产一般都采取早期断奶，但最迟的断奶日龄不应超过35天，具体多少天断奶，生产中一般应根据养猪场（户）的性质、仔猪用途及体质、母猪的利用强度及仔猪哺乳期生理特点及饲养管理条件等来确定。如若从仔猪肠道消化酶活性的角度考虑，28日龄断奶更有利于断乳仔猪克服断乳应激；若从仔猪胃肠道的吸收能力角度考虑，仔猪断奶日龄最好在20日龄之后；若从仔猪免疫系统的成熟程度角度考虑，4周龄以后断奶更有利于提高断乳仔猪的抗病能力；若从母猪泌乳量角度考虑，仔猪的断奶日龄则应该在21天以后（即25～28天）。

目前，根据我国大多数猪场的情况，推荐28日龄左右断奶为宜。

（2）断奶方法　根据实际生产情况，目前仔猪断奶主要有以下几种方法。

①一次断奶法　也称果断断奶法，即当仔猪达到预定断奶日龄时，将母猪隔出，仔猪留原圈饲养的方法。此种断奶方法简便，可促使母猪在断奶后较快发情，也是多数养猪场（户）常用的方法。隔离时将仔猪留在原窝，母猪调开，目的是减少断奶对仔猪的应激。此法主要用于生长发育均匀、正常、健康的仔猪。其不

足之处是断奶突然，易使母猪乳房胀痛，烦躁不安，或发生乳房炎，仔猪因食物及环境突然改变而消化不良，影响其生长发育。

②分批断奶法　即按仔猪的体质发育及用途分批陆续断奶。在母猪断奶前数日先从窝中取走一部分发育好、食欲强、体重大的仔猪先断奶，弱小的及要留作种用的仔猪后断奶，适当延长其哺乳期，以便仔猪获得更多的母乳，促进生长发育，故称加强哺乳法。该方法一般是在断奶前7天左右取走窝中的一半仔猪，留下的仔猪不得少于5～6头以维持对母猪的吮乳刺激，防止母猪在断奶前发情。缺点是断奶时间拖长，不利于母猪发情配种，也不利于全进全出工艺的实施。但对于一般农户养猪来说，可采取此法断奶。

③逐渐断奶法　在断奶前4～6天开始控制仔猪哺乳次数，把母猪赶到离原圈较远的地方，然后减少每天将母猪放回原圈的次数，依此来控制仔猪哺乳次数，第1天让其哺乳4～5次，第2天3～4次，第3～5天停止哺乳。这种方法虽然较费时、费工，但是可使母猪和仔猪都有一个适应的过程，不但可避免引起母猪乳房炎或仔猪胃肠疾病，而且还能够缩短母猪从断奶到发情的时间间隔，对母猪和仔猪均较有利。因工作量太大，所以规模养猪场不采用该方法。

④间隔断奶法　仔猪达到断奶日龄后，白天将母猪赶出原饲养栏（圈），让仔猪适应独立采食；晚上将母猪赶过原饲养栏（圈），让仔猪吸食部分乳汁，到一定时间全部断奶。这样不会使仔猪因改变环境而惊惶不安，影响生长发育，既可达到断奶目的，又能防止母猪发生乳房炎。

55. 肉猪育肥时猪种的选择与准备工作？

在我国养猪生产中，猪的品种很多，不同的品种有不同的特点和不同的生产性能，同一品种在不同的饲养管理条件及不同地区产生的结果也不同，所以育肥时猪种的正确选择是首要因素。

（1）选择性能优良的杂种猪　充分利用杂种优势，开展不同品种或品系间的杂交，是提高生长育肥猪生产力的有效措施。实践证明，杂交后代的生活力强，增重快，饲料转化率高，育肥效果和胴体瘦肉水平均优于纯种猪。但是，由于不同亲本间杂交组合的效果不同，同一杂交组合在不同的环境条件下育肥效果也不同，因此，进行配合力测定，筛选符合生产目的、并适应当地生产条件的最优的杂交组合十分重要。

从生产优质猪肉角度出发，在杂交组合中适当安排我国优良地方猪种很有必要，因为我国猪种普遍表现出肉质优良。二元杂种猪大多是以我国地方猪种或培育猪种为母本，与引进的国外猪种为父本杂交产生。三元杂种猪大多是以我国地方猪种或培养猪种为母本，与引进的国外猪种作父本杂交，杂种一代母猪作母本，再与引进的国外肉用型品种作终端父本杂交而产生。

（2）选用体大强壮、健康无病及发育整齐的仔猪　仔猪体重大小是发育好坏的重要标志。体重大、活力强、发育整齐的仔猪，育肥时增重快，省饲料，发病率和死亡率都低。因而，在选购仔猪时，一方面应考虑那些外形、精神状态正常，体重大的仔猪，有利于育肥期生长；另一方面，由于肉猪都是群饲，所以还应考虑仔猪的健康状况和发育的整齐度。育肥开始时，群内的均匀性和健康状况越好，越有利于饲养管理，育肥效果越好。

（3）去势　现代养猪生产不但要求商品肉猪增重快、饲料转化率高，同时也要求商品肉猪的肉质好。作为商品肉猪饲养的小公猪以及种猪场不能做种用的小公猪，生长到一定的年龄和体重以后，因为其特有的雄烯酮、粪臭素等的存在，猪肉有一种难闻的膻气或异味而影响了口感。因此，对公猪一定要进行去势。实践证明，去势后的公猪育肥，其性情安静，食欲增强，增重速度快，肉质也好，同时也便于管理。对现代集约化猪场而言，小母猪一般不需要去势，其原因主要有两方面：一是近年来猪种性能的改良及饲料科学的发展和饲养技术的改进，已使目前肉用品种及其杂种母猪的生长育肥期大为缩短，在出栏上市前尚未达到性成熟，对增重和肉质不会产生影响；二是不去势的小母猪较去势分猪的饲料利用率高，生长速度快，并可获得较瘦的胴体等优点。但是，对于我国性成熟较早的地方品种和培育品种，还是应将母猪去势后育肥。仔猪去势越早越好，但具体的去势时间与猪场生产管理有关。生产条件好的规模化猪场大多提倡仔猪生后 7 日龄内或断奶前的 10～15 日龄进行去势，因为去势进行的越早则产生的应激越小，并且出血少，操作简单，伤口愈合快，不容易受到感染。在仔猪患病期间不宜进行去势。

（4）免疫接种　对于自繁自养的养猪场，为了预防疫病的发生，保证肉猪育肥期及整个猪群的安全，仔猪必须按要求、按相应的免疫程序对猪瘟、猪丹毒、猪肺疫和仔猪副伤寒等传染病进行预防接种。不同地区由于当地的疫病流行情况不同，其免疫程序也有所差异，应科学灵活地进行。免疫接种时还应注意以下几点。

①严格疫苗的购入和使用管理，疫苗运输、使用均要保持冷链体系的完整。免疫注射时严格按照免疫程序及不同疫苗的特点具体实施。

②积极有效地防止疫苗注射时猪的应激反应，对发生过免疫应激反应的猪，7 天后及时进行补注免疫，切实达到猪免疫率 100％。

③疫苗注射时，应根据猪群的不同体重来选择合适的针头。

④接种疫苗前后应尽可能避免一些剧烈操作（如转群、并栏、采血等），防止猪群处于应激状态而影响免疫效果。

⑤免疫接种前后 5 天内，勿使用激素类药物及抗病毒药物。

（5）驱虫　猪体内的寄生虫以蛔虫感染最为普遍，主要危害 3～6 月龄幼猪，病猪多无明显的临床症状，但表现生长发育慢，消瘦，被毛无光泽，严重时增重速度降低 30%以上，有的甚至可成为僵猪。因此，在仔猪育肥期间必须进行驱虫。驱虫一般在仔猪 90 日龄左右进行，常用药物有左旋咪唑、虫必清、驱蛔灵等，具体使用时按说明进行。当群体口服驱虫药时，应注意使每头猪能均匀食入相应的药量，防止个别猪只（体质健壮、食欲旺盛的猪只）食入量过大，造成中毒死亡。服用驱虫药后，应注意观察，若出现副作用，应及时解救。驱虫后排出的虫卵和粪便，应及时清除发酵，以防再度感染。

猪疥癣是最常见的猪体表及寄生虫病，对猪的危害也较大，病猪主要表现为生长缓慢，甚至成为僵猪，病部疼感剧烈，因而常以患部摩擦墙壁或围栏，或以肢蹄擦患部，甚至摩擦出血，以至患部脱毛、结痂，皮肤增厚形成皱褶或龟裂。其治疗办法很多，常用 1%～2%敌百虫溶液或 0.005%溴氰菊酯溶液喷洒猪只体表或洗擦患部，也可以用废机油涂擦患部，施用几次以后即可痊愈。

56. 仔猪断奶期间的饲养管理技术？

（1）仔猪断奶期间的饲养要点

①提供足够的开食料　虽然母猪 3～4 周龄时泌乳量达到高峰，但已不能满足小猪快速生长的营养需要。因此，在 7～10 日龄小猪学会采食开食料，对于促进仔猪消化器官的早期发育，增强营养，提高抵抗力，防止异食，减少下痢的发生尤为重要。为达到断奶前小猪能采食较多的饲料，可采取如下措施；少量多餐，以刺激仔猪的食欲；增加甜味等诱食剂；断奶前适当限制母猪采食，以减少泌乳，逼迫仔猪多吃饲料。

②提供优质的乳猪料　由于仔猪胃肠功能不完善，所以高蛋白、高能量日粮未必会带来好的结果。黄豆是提供植物蛋白质的主要原料，但其含有抗胰蛋白抗原，这种抗原在喂后 5 天就会引

起仔猪严重的下痢反应。因此，植物性蛋白供给量以不超过日粮总蛋白含量的 40%为宜。相反，脱脂奶粉、乳清粉中不仅含有易消化吸收的动物性蛋白，还含有抗病原菌的物质，所以断奶期间日粮中蛋白质应以动物性蛋白质为主。可通过添加脂肪给断奶仔猪提供高代谢能的日粮，其中短链脂肪酸和长链不饱和脂肪酸相对来说易于吸收，日粮中植物油和动物油混合比单纯动物油更有利于断奶仔猪的需求。

粗纤维对仔猪来说几乎不提供营养，但可使仔猪有饱食感，适当的粗纤维可吸收粪中的大量水分，可缓解高蛋白饲料造成的粪便发稀状况，所以断奶仔猪口粮中粗纤维也是不可缺少的，以 4%为宜。

③日粮中添加酸制剂、微生态制剂、抑菌药物等　添加酸类物质，不仅可以激活胃蛋白酶，而且对降低肠道 pH，抑制有害菌引起的腹泻等有明显效果；使用微生态制剂，由于其在肠道的复杂作用，对促进生长、提高饲料利用率和防止大肠杆菌、沙门菌引起的下痢也有明显的作用；断奶初期饲料中应加入一定量的抗生素，同时加入抗过敏药物，少喂多餐，注意观察粪便情况。

④科学的饲喂制度　断奶应激造成仔猪肠道损伤，使胃肠道消化酶水平和吸收能力下降，导致食糜以腹泻形式排出。所以，断奶期间，应尽量保持原来的饲喂制度和饲料类型不变，断奶后 2～3 天要适当控制给料量，不要让仔猪吃得过饱，每天可多次投料，防止消化不良而下痢，保证饮水充足、清洁，保持圈舍干燥、卫生。饲喂频率越高，腹泻的机会越少。另外，在断奶期间，仔猪应当有足够的采食位，以减少猪只的争斗和不正常行为。一般在断奶 4～5 天以后安全渡过断奶关才可自由采食，只要饲料能适合猪的消化能力，就没必要限食。

（2）仔猪断奶期间的管理要点

①温度　仔猪断奶时体温调节能力尚未完善，需要一个26～

28℃的舒适温度环境。一般而言，冷应激对仔猪危害较大，它能导致肾上腺素在血液中的水平成倍上升，导致仔猪生长缓慢，免疫力低下，易患传染性胃肠炎、肺炎、腹泻等疾病。有试验表明，在10℃环境比在28℃环境中仔猪日增重下降60%，而下痢比率增加1倍。在舒适温度以下，每降低1℃，日粮代谢能需提高5%。

断奶仔猪有一个怕冷、掉膘、体质下降的过程，温度要调节好。如果断奶前25℃，断奶时因怕冷回升2℃，以后每周下降1～2℃，直到22℃时止。

②湿度　断奶期间，适宜的湿度为65%～70%，过于潮湿会引起皮炎、疥癣等疾病，过于干燥能引起灰尘增多，诱发喘气病、萎缩性鼻炎等疾病。

③密度　断奶期间，密度大一些，对仔猪保温有利，但同时争斗、咬尾、咬耳等恶癖行为增多，一般以0.42米^2/只为宜，还要给仔猪提供运动场所，以利于接受阳光照射和骨骼发育。

（3）防止仔猪早期断奶应激综合征　仔猪早期消化机能尚未健全，断奶过早势必造成仔猪采食量下降、消化不良、饲料利用率低、抗病和免疫能力差、腹泻、生长停滞和体况较差等所谓的“仔猪早期断奶应激综合征”。其预防措施如下。

①断奶逐渐过渡　断奶前4～6天，哺乳次数由5次逐渐减少，由夜间母仔同居，逐渐改为母仔分居（把母猪赶到另一个圈里），在逐渐减少吃奶次数的同时，逐渐锻炼仔猪的采食和消化能力，为将来断奶后独立生活打下基础，同时避免母猪发生乳房炎。如母猪膘情不好，产奶也不多，也可采用一次断奶法，即断奶时，将母仔一次分开喂养。如果一窝仔猪强弱不均，也可采取分批断奶法，即强壮的仔猪先断奶，让弱小仔猪多吃几天奶。

②圈栏逐渐过渡　即采取“赶母留仔”的办法使仔猪生活环境不改变，否则引起不安，影响健康与增重。在原栏饲养几天渡过断奶关后，转往保育舍。

③饲料逐渐过渡　仔猪断奶后不改变饲料种类和比例，半个月后逐渐改为断奶仔猪日粮，换料必须有一个过程，一般在一周内转换完，采取逐步更换的方法。过渡期饲粮中可添加功能性添加剂。

④饲料量逐渐过渡　断奶最初半个月不改变饲料给量，断奶当天通常减食，2～3天后由于饥饿而易暴食，此时只喂七八成饱，以防暴食，否则会因消化不良引起下痢。在这之后慢慢过渡到采取自由采食。

⑤控制咬尾咬耳　仔猪咬耳咬尾的原因很多，也很复杂。不同品种、不同神经型的猪咬耳咬尾的发生率也不同。发生原因主要如下：

A. 断奶恋母性：仔猪断奶后，由吃奶习惯改为吃料，在行为上还有依恋母猪乳头的行为，仍有啃咬吸吮习惯，由于生理和环境因素改变，造成生理上不适应，烦躁，相互发生争斗。

B. 猪群饲养密度过大，或公母同栏、大小同栏，为争饲粮和饮水位置而引起相互间的争斗；或小公猪的攻击性爬跨、猪只以大欺小引起的争斗。猪只最容易受伤出血的部位是耳和尾，加上猪有嗜血癖，一旦有一头猪某一部位出血，将会引起其他猪的啃咬，并发展成相互间咬耳咬尾。

C. 舍内环境卫生差，通风不良，使舍内有害气体浓度过高，以及舍内光照太强、温度过高或过低等，都将诱发猪之间相互争斗。

D. 矿物质、微量元素及维生素的缺乏，会引起咬癖。如维生素B族缺乏，会导致猪体内代谢机能紊乱，引起咬癖现象。

E. 日粮中蛋白质或某种氨基酸缺乏，会引起咬癖。

F. 体外寄生虫、皮炎、湿疹等病症引起的猪皮肤瘙痒，经猪自身啃咬、摩擦而受伤出血，诱发其他猪的群起啃咬。

G. 体表机械性外伤，如撞伤、击伤、刀伤等，引起出血而诱发咬癖。

防治措施主要有以下几种。

A. 出生后断尾。

B. 调整饲养密度，避免猪只过于拥挤。

C. 合理安排栏猪大小，公、母猪分群饲养，育肥猪适时去势，对弱猪、有病猪单圈饲养。

D. 保证猪舍清洁卫生，做到通风良好、干燥，避免强光照射，冬季防寒保温，夏季防暑降温。

E. 饲喂优质的配合饲料，营养要丰富全面，防止蛋白质、矿物质、微量元素、维生素等的缺乏。

F. 猪舍、用具定期消毒，猪群定期驱虫。

G. 对咬癖发生严重的猪，应及时隔离饲养，对症治疗。

H. 猪舍内悬挂铁链，让猪自由啃咬。

J. 保持猪舍安静，防止惊吓及人为造成猪皮肤损伤。

（4）疾病预防

①清洁卫生　每天都要及时打扫高床上仔猪的粪便，冲走高床下的粪便。保育栏高床要保持干燥，不允许用水冲洗，湿冷的保育栏极易引起仔猪下痢，走道也尽量少用水冲洗，保持整个环境的干燥和卫生。如有潮湿，可撒些生石灰。刚断乳的小猪高床下可减少冲粪便的次数，即使是夏天也要注意保持干燥。

②消毒　在消毒前首先将圈舍彻底清扫干净，包括猪舍门口、猪舍内外走道等，所有猪和人经过的地方每天进行彻底清扫。消毒包括环境消毒和带猪消毒，要严格执行卫生消毒制度，平时猪舍门口的消毒池内放入火碱水，每周更换 2 次，冬天为了防止结冰冻结，可以使用干的生石灰进行消毒。转舍饲养的猪要经过“缓冲间”消毒。带猪消毒可以用高锰酸钾、过氧乙酸、菌毒消或百毒杀等交替使用，进行喷雾消毒，每周至少 1 次，发现疫情时每天 1 次。冬季趁天气晴朗暖和的时间进行消毒，防止给仔猪造成大的应激。消毒药要交替使用，以避免产生耐药性。

③保健　刚转到保育舍的小猪一般采食量较小，甚至个别小猪刚断乳时根本不采食，所以在饲料中加药保健达不到理想的效

果，饮水投药则可以避免这些问题。保育第1周在每吨水中加入支原净60克＋优质多维500克＋葡萄糖1千克或加入加康（氟苯尼考10％＋免疫增强剂等）300克＋多维500克＋葡萄糖1千克，可有效地预防呼吸道疾病的发生。冬季猪舍用醋酸熏蒸，可防止不耐酸致病微生物的入侵。

驱虫主要包括驱蛔虫、疥螨、虱、线虫等体内外寄生虫，驱虫时间以35～40日龄为宜、体内寄生虫用阿维菌素按每千克体重0.2毫克或左旋咪唑按每千克体重10毫克拌料，于早晨喂服，隔天早晨再喂一次。注意驱虫后要将排出的粪便彻底清除并作妥当处理，防止粪便中的虫体或虫卵造成二次污染。

④疫苗免疫接种　疫苗的免疫注射是保育舍最重要的工作之一，注射过程中，一定要先固定好仔猪，然后在准确的部位注射，不同类的疫苗同时注射时要分左右两边注射，不可打飞针；每栏仔猪要挂上免疫卡，记录转栏日期、注射疫苗情况，免疫卡随猪群移动而移动。不同日龄的猪群不能随意调换，以防引起免疫工作混乱。在保育舍内不要接种过多的疫苗，主要是猪瘟、猪伪狂犬病以及口蹄疫疫苗等。对出现过敏反应的猪将其放在空圈内，防止其他仔猪挤压和踩踏，等过一段时间即可慢慢恢复过来，若出现严重过敏反应，则肌内注射肾上腺激素进行紧急抢救。

（5）日常观察和记录　保育舍内的饲养员除了做好每天的卫生清扫、清粪、冲圈外，还要仔细观察每头猪的采食、饮水、体温、呼吸、粪便和尿液的颜色、精神状态等，做到早发现、早诊断、早治疗，使病情消灭在萌芽状态。辅助兽医做好疫苗免疫和疾病治疗等常规工作。病弱仔猪最好隔离饲养，单独治疗，这样一方面保证病弱仔猪的特殊护理需要，另一方面可以防止疾病的互相感染与传播。如有可能，对每栏的断奶仔猪进行称重记录，或至少要称重一栏仔猪，并在每次换料时进行再次称重，以监控生长速度和耗料情况。同时在舍内要准备好饲料消耗卡，记录每天的饲料消耗；疫苗注射记录卡，记录每次疫苗种类和日期；药品消耗卡，记录猪只使用药品情况；猪只死亡信息卡，记录猪只死亡原因及日期。

（6）转群　一般的保育舍饲养期为6周，当猪只生长到70日龄，体重在25千克以上时，保育舍的栏位就显得有些拥挤了，这时需要将猪只移到育肥舍进行饲养。在转群时，最好不要进行混群，以减少争斗。同时应对该批猪的死亡率、日增重和料重比进行统计，并记录备案。

57. 肉猪的生长发育规律有哪些？

在不同生长阶段，猪的体重、体组织的增长和猪体化学成分各不相同，并表现出一定的规律性，由此构成了一定的生长模式。因此，了解掌握肉猪的生长发育规律，科学地制定商品肉猪不同体重阶段适宜营养水平和科学饲养技术措施，这对发挥肉猪的最大生长潜力有重要意义。

（1）肉猪生产阶段的划分　肉猪按生长发育可划分为三个育肥阶段，即从断奶至体重35千克为生长期，体重35～60千克为发育期，体重60～90千克为育肥期，或相应称为小猪、中猪、大猪。肉猪的饲养效果如何，小猪阶段是关键，因为小猪阶段容易感染疾病或生长受阻，体重达到中猪阶段后就容易饲养。肉猪生产中也有划分生长猪、育肥猪两个阶段的，但饲粮仍按三个或多个阶段配制。

（2）肉猪的生长发育规律

①体重及生长速度的变化　体重是综合反映猪体各部位和组织生长的综合指标，一般以日增重表示生长速度。在正常的饲养管理条件下，肉猪体重随日龄的增长而表现出有规律性的增长，在各个生长时期是不相同的。出生后猪的体重增重速度一般随着年龄的增加而增加，到一定年龄时达到最高峰，以后又随着年龄增长而下降，最后达到成年时不再增重。生产实践表明，肉猪在

6～8月龄以前增重速度最快，饲料转化率也高，而4月龄之前生长速度最快，肉猪体重的75%要在4月龄之前完成。到10月龄以后，增重速度减慢。生产中也会因品种、营养和饲养环境的差异，不同猪的增重和生长速度不尽相同。因此，在肉猪生产中要抓住增重速度快的高峰期，加强饲养管理，提高增重速度，减少每千克增重的饲料消耗，降低饲养成本，以保证其最快生长，缩短饲养周期。

②体组织的组成成分变化　猪体组织（骨骼、皮、肌肉和脂肪等）的生长强度，随体重和日龄增长也有一定的规律性。就生长强度的顺序而言，骨骼发育最早，肌肉居中，脂肪最晚，皮的生长保持一定的水平。但生产中也会因品种的不同而有所差异，如我国一些地方猪种（民猪、内江猪、太湖猪等），其肌肉组织比皮肤组织更为早熟，即生长后期皮肤的生长势强于肌肉，从而导致胴体肉少、皮厚，降低了肉用价值。由此可见，不同品种的肉猪具体组织的生长规律有所不同，但共同的特点是脂肪发育最晚。一般情况下，肉猪从生后2～3月龄开始到体重30～40千克为骨骼生产高峰期，60～70千克为肌肉生长高峰期，90～110千克为脂肪蓄积旺盛期。虽然因猪的品种、营养与管理水平的不同，上述变化规律有所差异，但基本上表现出一致性的规律。因此，在肉猪生产上应充分利用这个规律，在肉猪生长期给予高营养水平日粮，特别应注意蛋白质和必需氨基酸的供给，促进肌肉的快速生长；而育肥期应适当限饲，减少脂肪沉积，这样即节省饲料，降低生产成本，又可提高胴体品质和肉质。

③猪体化学成分的变化　随着猪体组织和增重的变化，猪体的化学成分也呈一定规律性的变化，即随年龄和体重的增加，机体的水分、蛋白质和矿物质相对减少，而脂肪食量则迅速增加。在整个育肥过程中，增重的成分前后是不一致的，前期增加以水分、蛋白质和灰分较多，中期渐减，后期更少，而脂肪则前期增加很少，中期渐多，后期达最高。因此，在育肥过程中，可以利

用猪机体化学成分变化的内在规律，控制其不同阶段的营养水平，加速或抑制猪体某些部位和组织的生长发育，以改善猪的生产性能，合理利用饲料，提高养猪的经济效益。

58. 肉猪适宜的育肥方式是什么？

（1）阶段育肥法　阶段育肥法又叫“吊架子”育肥法，是我国劳动人民在长期养猪实践中总结出来的。这种方法把猪的整个育肥过程划分为三个阶段，分别给以不同的营养水平，把精料集中在小猪阶段和催肥阶段，在中间架子猪阶段主要利用青粗饲料，尽量少用精料，这是巧用精料的一种育肥方法。

①小猪阶段　小猪生长速度较快，对营养要求全面，特别是能量和蛋白质的需要量大，因而日粮中精料比重较大，以防小猪掉膘或生长停滞，小猪阶段要求日增重 150～200 克，饲养期约为 2 个月。

②架子猪阶段（中猪阶段）　主要饲喂青粗饲料，要求骨骼和肌肉得到充分发育，长大架子。架子猪阶段日增重较低，200～250 克。饲养期为 4～5 个月。

③催肥阶段（大猪阶段）　此阶段为脂肪大量沉积的阶段，要求集中使用精饲料，使之迅速沉积脂肪，加快育肥。日增重一般在 500 克以上，饲养期约为 2 个月。

阶段育肥法优点是能大量利用农副产品饲料，节约精料。其缺点：一是肉猪肌肉生长强度高的时期能量和蛋白质供给不足，限制了肌肉的生长，而后期正当脂肪生长强度高时给予高能量水平，增加了脂肪的沉积，生产的肉猪胴体瘦肉少、脂肪多，不能适应当前市场的需要；二是吊架子育肥维持消耗多，饲料利用不经济。

（2）直线育肥法　直线育肥法又叫“一条龙”育肥法，即根据肉猪生长发育的不同阶段对营养需要的特点，育肥全期实行丰富饲养的一种育肥方式。在整个育肥期一直用精料饲喂，不用任何青粗饲料，充分满足猪只各种营养物质的需要，并提供适宜的环境条件，使其发挥最大生产潜力，以获得较高的增重速度和优良的胴体品质。其日根粗蛋白营养水平，小猪阶段 16%～18%；中猪阶段 14%～16%；肥猪阶段 12%～14%。一般从体重 10 千克至 90 千克约 5 个月。耗料增重比 3.0～3.5∶1。这种育肥方式优点是克服了“阶段育肥”的缺点，缩短了育肥期，减少了维持消耗，节省饲料，提高出栏率和商品率。但缺点是有点浪费饲料，胴体瘦肉率含量低，经济效益仍然不理想。

（3）“前高后低”育肥法　“前高后低”又称“倒喂法”，这是在直线育肥的基础上，为了提高瘦肉率而改进的一种前期高营养水平饲养，后期限制饲养的一种育肥方法。其具体做法如下。

①体重 60 千克前　采用高能量高蛋白的饲粮，每千克饲粮消化能在 12.5～12.97 兆焦/千克，粗蛋白质为 16%～17%，可让肉猪自由采食，不限量饲喂；

②体重 60 千克后　采用限量饲喂，限制育肥猪的采食量，即控制为自由采食量的 75%～80%，这样既不会严重影响肉猪增重速度，又可减少脂肪的沉积。或者仍让猪只自由采食，但降低饲粮能量浓度，最低不能低于 11 兆焦/千克，否则会严重影响增重，降低经济效益。

这种育肥方法增重速度快，饲料利用率高，瘦肉率高，育肥期短，已被广泛认可。

在肉猪生产中，应根据实际条件，科学选用育肥方法，做到因猪因地而异，有时也可多种育肥方法并用。

59. 肉猪的饲养技术要点有哪些？

（1）科学调制日粮，进行合理饲养　在现代养猪生产中，常用颗粒料、干粉料和湿拌料来喂猪。多数试验表明，颗粒料喂肉猪优于干粉料，提高日增量和饲料利用率 8%～10%，但加工颗粒料的成本高于粉状料。因此，粉状料在肉猪生产中使用最为普遍。

干粉料便于应用自动饲槽进行饲喂，省工省时，只要保证充足饮水就可以获得较好的饲喂效果。也可将干粉料和水直接一定比例混合调制成湿拌料饲喂，这样既可提高饲料的适口性，又可避免产生饲料粉尘，但加水量不宜过多，一般按料水比例为1∶0.5～1.0调制成潮拌料或湿拌料。如将料水比例加大到1∶1.5～2.0时，即成浓粥料，虽不影响饲养效果，但是费工费时。在饲喂潮拌料或湿拌料时，特别是在夏季注意不要使饲料腐败变质。

（2）饲喂方法　常用的肉猪饲喂方法主要有两种，即自由采食和限制饲喂。两种方法各有特点，其根本区别在于控制猪营养物质的摄入量。自由采食是对猪的日粮采食量、饲喂时间和饮水等方面不加限制的饲喂方式。限制饲喂分为两种形式：对营养平衡的日粮在数量上控制；降低日粮的能量浓度，限制猪对养分尤其是能量的摄入。自由采食时猪采食量大，日增重高，胴体背膘厚；限制饲喂时，日增重较低，但饲料利用率较高，胴体背膘薄。

在决定饲喂方法前，必须了解肌肉和脂肪的生长规律，在猪达到最大的瘦肉生长潜力之前，脂肪生长相对较少，一旦达到最大瘦肉生长潜力时，食入的多余营养物质才导致脂肪沉积的增加。所以在实施限制饲喂时应注意：第一，限制饲喂必须在瘦肉达到最大生产潜力后进行，否则会影响瘦肉的生长；第二，一些瘦肉生长潜力较高的猪对限制饲喂的反应不是很明显的。目前值得提倡的是前期自由采食，保证一定的日增重，后期限制饲喂，提高饲料报酬和瘦肉率。

（3）日喂次数与给料方法　限制饲喂时肉猪每天的饲喂次数应根据猪只的体重和饲粮组成作适当调整。体重35千克以下时，胃肠容积小，消化能力差，而相对饲料需要多，每天宜喂3～4

次；35～60 千克的猪，胃肠容积扩大，消化能力增加，每天应喂 2～3 次；体重 60 千克以后，每天可饲喂 2 次。饲喂次数过多并无益处，反而影响猪只的休息，也增加了工作量。要根据猪每天的采食量来分配每顿的饲喂量，使猪每顿都能吃得完。

每次饲喂的时间间隔，应尽量保持均衡，饲喂时间应选在猪只食欲旺盛时为宜，如夏季选在早晚天气凉爽时饲喂。

给料方法通常采用饲槽和硬地面撒喂两种方式。饲槽饲喂又有普通饲槽和自动饲槽。用普通饲槽时，要保证有充足的采食槽位，每头猪至少占 30 厘米，以防强夺弱食。夏季尤其要防止剩余残料发霉变质。地面撒喂时，饲料损失较大，饲料易污染，但操作简便，大群地面撒喂时要注意保证猪只有充足的采食空间。

（4）供给充足洁净的饮水　生长育肥猪如果饮水不足，可以引起很明显的食欲减退、采食量减少，导致生长速度减慢、健康受损，严重缺水时将引起疾病。

肉猪的饮水量随体重、环境温度、饲粮性质和采食量等有所不同。一般在冬季时，其饮水量应为采食饲料风干重的 2～3 倍或体重的 10%左右，春、秋两季为采食饲料风干重的 4 倍或体重的 16%。夏季约为 5 倍或体重的 23%。

饮水必须充足洁净。饮水设备以自动饮水器为好，也可以在围栏内单设水槽，但应经常保持充足而洁净的饮水。

60. 肉猪生产管理技术措施有哪些？

（1）提供适宜的环境条件　为保证猪只的健康，避免发生疾病，在进猪之前有必要对猪舍、围栏、用具等所有设备进行一次彻底的清洗，特别是旧栏舍应注意猪舍走道、猪栏内的粪便、围栏、自动采食槽、饮水乳头等的清洗及消毒池的清洗，应彻底、不留死角。干燥 3～4 天后，对栏舍用 2%～3%的苛性钠（火碱）水溶液进行全面消毒，而猪栏、走道、墙壁可用 2%～3%

的苛性钠水溶液喷洒消毒，停半天或1天后再用清水冲洗、晾干。墙壁也可用20%石灰粉刷，饲槽、饲喂用具、车辆等应提前消毒，消毒后洗刷干净备用。进猪后可定期用对猪只安全的消毒液进行带猪消毒，在猪舍门口脚池内应放2%～3%的苛性钠水溶液。

（2）组群　肉猪一般多采取群饲，不仅可提高劳动效率，降低育肥成本，并且可以利用猪的抢食习性，使猪多吃饲料，从而提高增重。因此，对肉猪进行合理组群，是十分必要的。组群方法如下。

①按品种、杂交组合、体重大小、体质强弱等情况进行组群。这样既考虑到同群肉猪的习性、大小、强弱等较相近，又可避免合群猪发生大欺小、强欺弱、互相干扰的现象，管理方便，使肉猪生长发育整齐。

②组群时通常按照“留弱不留强”（即把处于不利争斗地位或较弱小的猪留在原圈，把较强的并走），“拆多不拆少”（即把较少的猪留在原圈，把较多的猪并走），“夜并昼不并”（即两群猪合并为一群时，在夜间并群）原则进行，必要时也可在合群的猪身上喷同样的药液，如来苏儿等，消除其猪只异味，使猪只彼此气味相似，不易辨别。

③合为一群的仔猪赶入新圈，应及时调教，让其保持相对稳定后，饲养人员才能离开猪舍，尽量避免组群时咬斗减食等应激反应，影响猪只生长。

④每群头数的多少，要根据猪舍设备、饲养方式、圈养密度等决定。一般以每头猪的占地面积为0.8～1.0米^{2}为宜，每圈一群以10～20头为宜。

⑤肉猪合群经过一段时间饲养后，若发生大小强弱参差不齐的现象，应重新调整猪群，否则会影响弱小肉猪的生长发育。有试验表明，每调圈1次，会使育肥期延长1周左右，所以组群后尽量避免调圈。

（3）饲养密度　肉猪群养时，采取“原窝培育”是最好的方式。圈舍大小的确定可参考每头猪占栏面积标准：实体地面或水泥混凝土地面的圈舍0.8～1.2米^2，漏缝地板地面的圈舍0.5～1.0米^2，为充分利用圈舍及设备，每圈以10～15头为宜，最大不宜超过20头。饲养密度过小，则猪舍利用不经济；饲养密度过大，则出现咬斗次数多，影响采食和休息，并且夏季不利防暑，冬季则因产生的有害气体、尘埃和微生物过多而使猪舍空气卫生状况不良，从而影响猪的育肥效果。

（4）调教　调教即进行引导与训练，一般在仔猪转入育肥舍后前3天进行。重点要抓好两项工作：一是防止强夺弱食，即保证每头猪都能吃到、吃饱，应备有足够的饲料槽，对霸槽争食的猪要勤赶、勤教；二是训练猪养成“三点定位”的习惯，即使猪只在指定的地方吃料、休息和排便，关键是调教其定点排便。这样既有利于其自身的生长发育和健康，也便于进行日常的管理工作。具体方法是猪调入新圈前，要预先把圈舍打扫干净，在食槽内放入饲料，并在指定排便地点堆放少量粪便、泼点水；把猪调入新圈后，若有个别猪未在指定地点排便时，要及时将其粪便铲到指定地点，并守候看管。这样，经过3～5天后，猪就会养成“三定点”的良好习惯。

（5）温度　猪舍的环境温度影响猪的增重速度、饲料转化率和胴体品质。肉猪生长最适宜的温度是；前期以18～20℃为宜，后期以16～18℃为宜，在适温区内，猪体散热最少，所摄取的营养物质能最有效地形成产品，饲料转化率也最优。略高或略低的环境温度对猪的健康无不良影响，相反适度的冷热刺激可提高猪的抵抗力，但饲料转换率降低；当环境温度过高或过低时会对猪的健康及生长性能产生明显的不良影响，降低猪的抵抗力和免疫力，诱发各种疾病。所以在寒冷季节要做好猪的防寒保暖工作，炎热季节应尽力做好防暑降温工作。

（6）湿度　湿度对猪生长的影响一直未引起人们的重视。

随着现代养猪业的发展，猪舍的密闭程度越来越展，舍内湿度过大，已对猪的健康、生长产生了不良影响。但单纯评价湿度对肉猪育肥的影响是有困难的，因为湿度是随环境温度而共同产生影响。湿度的影响远远小于温度，如果温度适宜，则空气湿度的高低对猪的增重和饲料利用率影响很小。对猪影响较大的是低温高湿，会加剧体热的散失，使肉猪增重下降，饲料消耗增高；但高温高湿影响更大，高温高湿不仅会影响猪只的体表蒸发散热，阻碍猪的体热平衡调节，而且还加剧高温所造成的危害。此外，空气湿度过大时，还会促进微生物的繁殖，容易引起饲料、垫草的霉变。但空气相对湿度低于40%也不利，容易引起皮肤和外露黏膜干裂，降低其防卫能力，会增加呼吸道和皮肤疾患。肉猪育肥时空气相对湿度以40%～75%为宜。

（7）空气新鲜度　猪舍内的空气经常受到粪尿、饲料、垫草的发酵或腐败形成的氨气、硫化氢等有害气体的污染，猪只自身的呼吸又会排出大量的水汽和二氧化碳以及其他有害气体。如果猪舍设计不合理或管理不善，通风换气不良，饲养密度过大，卫生状况不好，就会造成会内空气潮湿、污浊，充满大量氨气、硫化氢和二氧化碳等有害气体，从而降低猪的食欲、影响猪的增重和饲料利用率，并可引起猪的眼病、呼吸系统疾病和消化系统疾病。因此，在猪舍建筑时要考虑猪舍通风换气的需要，设置必要的换气通道，安装必要的通风换气设备。在管理上注意经常打扫猪栏，保持圈舍清洁，减少污浊气体及水汽的产生，以保证舍内空气的清新和适宜的温度与湿度。

（8）光照　从猪的生物学特性看，猪对光是不敏感的。一些试验研究也表明，光照对肉猪增重、饲料利用和胴体品质及健康状况等的影响不大。因此，肉猪舍的光照只要不影响操作和猪的采食就可以了。但强烈的光照会影响肉猪的休息和睡眠，从而影响其生长发育，严重的还会导致咬尾。

61. 如何确定肉猪适宜的出栏体重?

肉猪在不同日龄和体重屠宰，其胴体瘦肉率不同。在一定范围内，瘦肉的绝对重量随体重增加而增加，但瘦肉率却逐渐下降。肉猪什么时候进行屠宰，一要考虑猪的胴体品质，二要适应消费者要求，三要考虑经济效益。适宜的屠宰时期通常用体重来表示。

（1）根据育肥性能和市场要求确定屠宰体重　根据猪的生长发育规律，在一定条件下，肉猪达到一定体重，出现增重高峰。在增重高峰过后屠宰，可以提高生产者的经济效益。另一方面，屠宰体重过大，胴体脂肪含量增加，瘦肉率下降。因此肉猪并不是养得越大越好，需要选择一个瘦肉率高、胴体品质令人满意的屠宰体重。

（2）以生产者的经济效益确定屠宰体重　肉猪日龄和体重不同，日增重、饲料利用率、屠宰率、胴体瘦肉率也不同。一般情况下，肉猪体重的增加在 10～67.5 千克阶段，日增重随体重增加而提高，67.5～100 千克阶段，日增重维持在一定水平，100 千克以后日增重下降。如体重过大屠宰，随体重增加，屠宰率提高，但维持消耗增多，饲料报酬下降，瘦肉率下降，肉价低，经济效益也下降。如体重过小屠宰，猪的增重潜力没有得到充分发挥，经济上不合算。

我国猪种类型和杂交组合繁多，饲养条件差别很大。因此，增重高峰期出现的迟早也不一样，很难确定一个合适的屠宰体重。在实际生产中，生产者应综合诸多因素，根据市场需要和自身利益确定合适的屠宰体重。根据各地研究和推广总结，小型早熟品种适宜屠宰体重为 70 千克左右，体型中等的地方猪种及其杂种肉猪适宜屠宰体重为 75～80 千克。我国培育猪种和某些地方猪种为母本、国外瘦肉型品种为父本的二元杂种猪，适宜屠宰体重为80～90千克；以地方猪为母本、国外瘦肉型品种为父本的三元杂种肉猪，适宜屠宰体重为90～100千克；国外三元杂种肉猪，适宜屠宰体重为100～114千克。国外许多国家由于猪的成熟期推迟，肉猪屠宰适期已由原来的90千克推迟到110～120千克。

四、猪场建设基本常识

62. 猪场场址的选择?

（1）猪场规划原则　养猪场规划与布局是否科学合理，直接关系到建设投资和生产运行成本，同时也关系到能否最大限度地保证猪群持续稳定健康生产。养猪场规划与布局应遵循的主要原则是：

①符合猪场生产工艺流程路线的要求，便于管理。

②最短的场内道路运输及水、暖、电等管线铺设长度。

③方便场区与外界联系，有利防疫、防止污染。

④节约土地，尽量减少土方工程量。

（2）场区规划　猪场场址选定以后，就要根据实际需要对猪场加以规划。猪场规划应考虑到当地气候、风向、场地的地形地势、场地各种建筑物和设施的尺寸及功能关系，合理规划全场的道路、排水系统、场区绿化，安排各功能区的分布及每种建筑物和设施的朝向与位置。

完整的猪场布局由场区的总平面布置、场内道路和排污、场区绿化三部分组成。

①场区平面布置　一个完善的规模化猪场在总体布局上应包括 4 个功能区，即生活区、生产管理区、生产区和隔离区。考虑到有利防疫和方便管理，应根据地势和主风向合理安排各区。

生活区：包括职工宿舍、食堂、文化娱乐室、运动场地等。此区应设在猪场大门外面的地势较高的上风向或偏风向，避免生产区臭气与粪水的污染，并便于与外界联系。

生产管理区：包括消毒、接待室、办公室、会议室、技术室、化验分析室、饲料厂、仓库、车库、水电供应设施等。该区与社会联系频繁。与场内饲养管理工作关系密切，应严格防疫，门口设车辆消毒池、人员消毒更衣室，与生产区应有墙隔开，进生产区门口再设消毒池、更衣消毒室以及洗澡间。饲料原料最好经卸料窗入库，非本场车辆一律禁止入场。此区也应设在地势较高的上风向或偏风向。

生产区：包括各类猪舍和生产设施，是猪场的最主要区域，禁止一切外来车辆与人员入内。饲料运输用场内小车经料库内门领料，围墙处设装猪台，售猪时经装猪台装车，避免装猪车辆进场。

隔离区：此区包括兽医室、隔离猪舍、尸体剖检和处理设施、粪污处理区等。该区是卫生防疫和环境保护的重点，应设在地势较低的下风处。并注意消毒及防护。

②场内道路和排污　道路是猪场总体布局中一个重要组成部分，它与猪场生产、防疫有重要关系。猪场内应分出净道、污道，互不交叉。净道正对猪场大门，是人员行走和运送饲料的道路。污道靠猪场边墙，是处理粪污和病死猪等的通道，出侧后门运出。场内道路要求防水防滑，生产区不宜设直通场外的道路，以利于卫生防疫。

场区污水不应排放到河流、湖泊中，小型猪场的排污道可与较大的鱼塘相连，也可建在灌溉渠旁，在灌溉时将污水稀释后浇地。大型猪场应有专门的排污及污水处理系统，以保证污水得到有效的处理，确保猪场的可持续生产。

③场区绿化　猪场绿化可以美化环境、吸尘灭菌、净化空气、防疫隔离、防暑防寒，改善猪场的小气候。同时还可以减弱噪声，促进安全生产，提高经济效益。猪场绿化可在猪场北面设防风林，猪场周围设隔离林、场区各猪舍之间、道路两旁种植树木以遮阴绿化，场区裸露地面上种植花草。绿化植树时，要考虑其树干高低和树冠大小，防止夏季阻碍通风和冬季遮挡阳光。

猪场的绿化，过去只是着眼于改善猪场的小气候和美化猪场环境，随着养猪生产的发展，应将场区绿化与经济生产结合起来，种植果树、用材林木等，也有相当可观的经济收入，可以做到一举多得。

（3）建筑物布局　猪场建筑物的布局在于正确安排各种建筑物的位置、朝向、间距。布局时需考虑各建筑物间的功能关系、卫生防疫、通风、采光、防火、节约用地等。

为保障猪群防疫，生活区和生产管理区应设在猪场大门附近，门口分设行人和车辆消毒池，两侧设值班室和更衣室。生产区，种猪、仔猪应置于上风向和地势高处，分娩猪舍要靠近妊娠猪舍，又要接近仔猪培育舍，育成猪舍靠近育肥猪舍，育肥猪舍设在下风向。商品猪置于离场门或围墙近处，围墙内侧设装猪台，运输车辆停在围墙外装车。商品猪场可按种公猪舍、空怀母猪舍、妊娠母猪舍、产房、断奶仔猪舍、育肥猪舍、装猪台等建筑物顺序排列。病猪和粪污处理应置于全场最下风向和地势最低处，距生产区宜保持至少50米的距离。

猪舍的朝向应根据当地主导风向和日照情况确定。一般要求猪舍在夏季少接受太阳辐射，舍内通风量大而均匀；冬季应多接受太阳辐射，冷风渗透少，增加热辐射；一般以冬季或夏季主风与猪舍长轴有30°～60°夹角为宜，应避免主风方向与猪舍长轴垂直或平行。考虑到猪舍防暑和防寒，猪舍一般以向南或南偏东、南偏西45°以内为宜。

建筑物的排列既要利于道路、给排水管道、绿化、电线等的布置，又要便于猪场的生产和管理。猪舍间的距离以能满足光照、通风、卫生防疫和防火的要求为原则。距离过大则猪场占地过多，间距过小则南排猪舍会影响北排猪舍的光照，同时也影响其通风效果。也不利于防疫、防火。综合考虑光照、通风、卫生防疫、防火及节约用地等各种要求，猪舍间距一般以南排猪舍屋檐高的3～5倍为宜。

总之，猪场建筑物的总体布局要尽量使猪舍内建设成坐北朝南的朝向，各建筑物排列成行，以便于道路、供水、绿化和电线管线呈直线分布。

63. 什么是发酵床养猪？

发酵床生态养猪技术也称“生态养猪法”、“自然养猪法”，是以有利于活性微生物生长发育的发酵床为核心技术，利用微生物作为物质能力循环、转换的媒体，采用高科技手段采集特定有益微生物，通过筛选、培养、检验、提纯、复壮与扩繁等工艺流程，形成具备强大活力的功能微生物菌种，再按一定的比例将其与锯末、砻糠、辅助材料、活性剂、食盐等混合发酵制成有机复合垫料。以在猪整个饲养过程中不清粪便、提高冬季猪舍温度、增加生猪抵抗能力、节约成本、提高效率和生产优质保健猪肉为主要特点的一种环保生态型综合养猪技术。

发酵床养猪技术首先由日本民间发现，并应用于生产实践中，从 1992 年开始，日本鹿儿岛大学教授开始对发酵床养猪进行系统研究，逐渐形成了较为完善的技术规范，是利用全新的自然农业理念，结合现代微生物发酵技术，提出的一种环保、安全、有效的生态养猪法。实现养猪无排放、无污染、无臭气、彻底解决规模养猪场的环境污染问题。

发酵床生态养殖是利用现代微生物技术，筛选出优秀的微生物菌株，拌合于猪的垫料（锯末、秸秆、稻壳、米糠等农林业生产下脚料）中，形成一个相对稳定的有益微生态活菌制剂——发酵床，猪饲养在发酵床上，其排泄的粪尿及时吸收到发酵床的垫料中，大量粪便被有机垫料里的有益土著菌迅速降解、消化、去臭味。不再需要对猪的粪便进行人工清理，达到畜禽粪便零排放、零污染的目的。

猪粪便又给发酵床内的有益菌提供营养物质，促使有益菌不断繁殖，形成菌丝，这些有益菌类是高蛋白质，又成为猪的最佳营养。猪吃了垫料中的这些菌类蛋白，不但可节省大量饲料，提高猪的增重速度，还能提高猪的抗病能力，大幅度减少猪的疾病。采用发酵床养猪，床内微生物发酵产生大量热量，发酵床形成一个天然“保温床”，能提高猪舍的温度。猪在发酵床上温暖舒适，生长健壮，增重快。同时还可以仔猪保暖费用，又能提高仔猪的成活率。

发酵床养猪具有较好的经济效益与社会效益，可以概括为“四省、两提、一增、一减、零排放”。“四省”即省饲料、省用水、省劳动力、省保温费；“两提”即提高饲料转化率，提高猪抵抗力，提高猪肉品质；“一增”即增加经济效益，在发酵床上养猪，养殖效益明显增加，还可节省用水用药及冬季取暖等直接生产成本；“一减”即减少饲养期，提高猪舍利用率；“零排放”即在发酵床上养猪没有任何污染，实现粪污零排放。畜禽养殖业粪便造成的环境污染是全国及全世界性难题，而发酵床生态养殖彻底地解决了这个难题，真正实现了零排放、零污染。

64. 猪场需要哪些设备？

选择与猪场饲养规模和工艺相适应的先进、经济的设备是提高生产水平和经济效益的重要措施。现代猪场都因地制宜，选购先进、实用、高效、环保的现代养殖设备及配套设备。

（1）养殖设备

①公猪栏、空怀母猪栏、配种栏　这几种猪栏一般都位于同一栋舍内，因此，面积一般都相等，栏高一般为1.2～1.4米，面积7～9米^2。

②妊娠栏　妊娠栏有两种：一种是单体栏；另一种是小群栏。单体栏由金属材料焊接而成，一般栏长2米，栏宽0.65米，栏高1米。小群栏的结构可以是混凝土实体结构、栏栅式或综合

式结构，栏高一般 1～1.2 米。由于采用限制饲喂，因此，不设食槽而采用地面喂食。面积根据每栏饲养头数而定，一般为 7～15 米^2。

③分娩栏　分娩栏的尺寸与选用的母猪品种有关，长度一般为 2～2.2 米，宽度为 1.7～2.0 米；母猪限位栏的宽度一般为 0.6～0.65 米，高 1.0 米。仔猪活动围栏每侧的宽度一般为 0.6～0.7 米，高 0.5 米左右，栏栅间距 5 厘米。

④仔猪培育栏　一般采用金属编织网漏粪地板或金属编织镀塑漏粪地板，后者的饲养效果一般好于前者。大、中型猪场多采用高床网上培育栏，它是由金属编织网漏粪池板、围栏和自动食槽组成，漏粪地板通过支架设在粪沟上或实体水泥地面上，相邻两栏共用一个自动食槽，每栏设一个自动饮水器。这种保育栏能保持床面干燥清洁，降低仔猪的发病率，是一种较理想的保育猪栏。仔猪保育栏的栏高一般为 0.6 米，栏栅间距 5～8 厘米，面积因饲养头数不同而不同。小型猪场断奶仔猪也可采用地面饲养的方式，休息区铺设木板，以木板或电热板作床垫，在寒冷季节应在仔猪卧息处铺干净软草和搭设保温箱，创造适宜的小气候。

⑤育成、育肥栏　育成育肥栏有多种形式，其地板多为混凝土结实地面或水泥漏缝地板条，也有采用 1/3 漏缝地板条，2/3 混凝土结实地面。混凝土结实地面一般有 3%的坡度。育成、育肥栏的栏高一般为 1～1.2 米，采用栏栅式结构时，栏栅间距8～10 厘米。

（2）供水设备　养猪生产需要大量的饮用水，这些饮用水需要供水设备和饮水设备来完成供应。

供水设备包括供水泵、水管道、过滤器、减压阀、水箱等。

（3）饲喂设备

①间歇添料饲槽　条件一般的猪场采用，分为固定饲槽、移动饲槽。一般为水泥浇注固定饲槽。饲槽在隔墙或隔栏的下面，由走廊添料，滑向内侧，便于猪采食。饲槽一般为长形，每头猪

所占饲槽的长度应根据猪的种类、年龄而定。

②方形自动落料饲槽　一般条件的猪场不用这种饲槽，它常见于集约化、工厂化的猪场。方形落料饲槽有单开式和双开式两种。单开式的一面固定在走廊的隔栏或隔墙上；双开式则安放在两栏的隔栏或隔墙上。自动落料饲槽一般为镀锌铁皮制成，并以钢筋加固，否则极易损坏。

③圆形自动落料饲槽　圆形自动落料饲槽用不锈钢制成，较为坚固耐用，底盘也可用铸铁或水泥浇注，适用于高密度、大群体生长育肥猪舍。

④自动上料系统　自动上料系统在三相交流电动机的带动下，刮板式链条通过管道，将饲料从料罐带到猪舍。料线管道从猪只采食的食槽上面经过，在每一个食槽位置，留有一个三通下料口。饲料在链条的带动下，自动地流入食槽中。该系统可以应用在育肥猪舍、定位栏等。

（4）保温供热设备　保温供热是分娩后的哺乳仔猪和断奶仔猪重要的技术措施，常用的局部设备有猪保温箱、红外线保温灯、猪用电热板、供热炉、热风炉等。

（5）通风降温设备　在炎热的天气或地区，要根据降温的面积和预期降温的效果来选择通风降温设备，通常用的降温设备有滴水降温设备、喷雾（喷淋）降温设备、风扇、空调、湿帘-风机等。滴水降温设备成本较低，但造成圈舍湿度较大。温帘-风机降温系统效果较好，要求猪舍密闭较好，资金投入不大，是目前使用较广泛的降温方式。

（6）清洁消毒设备

①人员、车辆消毒设施　凡是进场人员都必须经过温水彻底冲洗、更换场内工作服，工作服应在场内清洗、消毒。更衣间主要设有更衣柜、热水器、淋浴间、洗衣机、紫外线灯等。

现代猪场原则上要保证场内车辆不出场，场外车辆不进场。装猪台、饲料或原料仓、集粪池等设计在围墙边。有些车辆必须进场，应设置进场车辆清洗消毒池、车身冲洗喷淋机等设备。

②环境清洁消毒设备　现代猪场常用的环境清洁消毒设备有以下两种：一是地面冲洗喷雾消毒机；二是火焰消毒器。

（7）诊疗设备　现代化规模养殖场兽医诊疗实验室面积不少于 50 $米^2$，水电设施齐全，通风，干燥，设单独解剖室一间，有实验室污水、污染物处理设施和病死畜禽处理设施。

常用的设备仪器有试验台柜、药柜、冷藏箱、低温冰箱、离心机、恒温培养箱、酶联免疫检测仪、干燥箱、显微镜、解剖台、解剖器具；离心管、酒精灯、试管、烧杯、手术剪、防护服、一次性尸体处理袋；血平板、药敏培养基、染色试剂、药敏试纸等。

（8）信息化设备　信息化技术以微电子技术为基础，包括计算机、通信设备、多媒体、互联网、软件等。

65. 如何处理猪场的粪污？

猪场对环境的污染包括粪便、有害气体、噪声及病原微生物污染等。据推测，一个 10 万头猪场日产鲜粪 80 吨、污水 260 吨，每小时向大气中排放 159 千克氨气、14.5 千克硫化氢、25.9 千克饲料粉尘和 150 万个细菌。这些污染物质如果处理不当，就会造成环境污染。因此，对于污染的防治，必须给予足够的重视。猪场对环境的污染也就是对大气、水源和土壤的污染。

猪场内，猪的皮肤分泌物、黏附于皮肤的污物、外激素等可产生特有的难闻气味；粪尿中含有大量有机物质，排出体外后会迅速腐败分解（特别是厌氧分解），产生甲烷、有机酸和醇等带臭气的气体，以及硫化氢、氨、吲哚、粪臭素等具有恶臭的含硫和含氮的化合物；猪场排出的粉尘和微生物也是大气的污染来源；这些气体随风向周围扩散，危害猪群和人的健康，容易引发呼吸道疾病，引起不愉快、产生厌恶感。另外，长时间吸入恶臭物质会改变神经内分泌功能，使猪的增重速度减慢，生产力下降，发病率和死亡率升高，还可能引起疫病的传播。此外，场内的粪污滋生大量的蚊蝇，也能传染疾病，污染环境。

猪场排放的污水、固体粪污被降水淋洗冲刷进入水体，或粪便污水不经处理、处理不当，任意排放，会污染土壤、地表水和地下水。污水可以使水体“富营养化”、变黑发臭，并且不可能再得到恢复。病原微生物、寄生虫、残留的药物或添加剂、消毒药等也会随污水流入水体和土壤，当流入的量超过土壤和水体的自净能力时，就会造成污染。水或土壤中含有大量的病原微生物、寄生虫和各种有害物质，对人和其他生物构成极大的威胁。

（1）猪场粪污处理的基本原则

①采用用水量少的清粪工艺，使干粪与尿污水分流，以减少污水量和污水中污染物的浓度，并使固体粪污的肥效得到最大限度的保存和便于其处理利用。

②变废为宝，实现养猪生产的良性循环，达到无废排放。猪场污染物质如与农、果、菜、鱼等结合起来加以综合利用，便可变废为宝，化害为利。

③污水处理工程要充分利用当地的自然条件和地理优势，利用附近废弃的沟塘等，采用投资少、运行费用低的自然生物处理法，要避免二次污染。

（2）猪场粪污处理的方法

①物理处理法　将污水中的有机污染物质、悬浮物、油类以及固体物质分离出来，包括固液分离法、沉淀法、过滤法等。

②化学处理法　采用化学反应，使污水中的污染物质发生化学变化而改变其性质的处理方法，包括中和法、絮凝沉淀法、氧化还原法等。

③物理化学处理法　包括吸附法、离子交换法、电渗析法、反渗透法、萃取法和蒸馏法。

④生物处理法　利用微生物的代谢作用分解污水中的有机物而达到净化的目的。根据微生物呼吸过程的需氧要求分为好氧处理和厌氧处理两大类。

（3）猪场粪污的利用　猪场粪便及污水合理地处理和利用，既可以防止污染环境，又能变废为宝。猪粪及污水常用作肥料和能源（沼气），还有用于培养料等。

①用作肥料　猪粪还田是这些低利用价值的物质最根本的出路，我国绝大多数猪粪便是作为肥料予以消纳的。传统的“粮—猪—肥—粮”型农业生产即猪多肥多、肥多粮多是比较典型的生态农业，猪粪还田在改良土壤、提高农作物产量方面有着重要的作用。

猪场粪污还田的方式以把鲜粪腐熟堆肥后施用为主。猪粪腐熟的过程中，温度可达到50～70℃，能够杀灭粪中绝大部分微生物、寄生虫卵和杂草种子，处理后的肥料含水量低、无臭味，属于迟效性肥料，使用安全方便。腐熟堆肥的条件是：保持好氧环境；水分含量40%～60%；堆肥物料的碳、氮比为26～35 ∶ 1，鲜猪粪为8～13 ∶ 1即可，碳的比例不足时可以野草、秸秆补充。腐熟堆肥简单的力法是：在水泥地或铺有塑料膜的地面上或在水泥槽中，将拌好的物料堆成长条状，高1.5～2.0米、宽1.5～3.0米，长度根据场地决定。为了保持好氧环境，粪堆中间可插入通气管，用塑料膜或泥密封，15天或1～2个月就可以使用。

②制沼气　沼气是厌氧微生物（主要是甲乙细菌）分解粪污中的含碳有机物而产生混合气体，其主要成分甲烷占60%～70%、二氧化碳占25%～40%，还有少量的氧、氢、一氧化碳、硫化氢等气体。沼气是一种能源，可用于照明、作燃料、发电等。

我国普遍采用的是常温发酵，其适宜的条件是：温度25～35℃；酸碱度（pH）6.5～7.5，pH低时可用石灰石或草木灰调节；碳氮比 25～30：1，一般每立方米沼气池加入 1.6～1.8 千克的固态原料为宜；适宜的容积，发酵池的容积以每头猪 0.15 米^3 为宜。常温发酵效率低，只是一级处理，沼液、沼渣需进一步处理，否则可造成二次污染。在北方，猪粪制沼气由于气温低而使其应用受到限制，在南方地区应用比较广泛。

③用作饲料　猪粪中含有大量未消化的蛋白质、B 族维生素、矿物质元素、粗脂肪和一定数量的碳水化合物。如鲜猪粪中含粗蛋白质 3.5%～4.1%，且氨基酸的组成也比较齐全，含量也较丰富，但猪粪需经适当的加工处理，以达到除臭、灭菌、脱水、提高利用价值和便于贮藏的目的。另外，猪粪可以作为培养料而间接用作饲料，与直接用作饲料相比，其饲用安全性强，营养价值较高，但手续和设备有点复杂，猪粪可用于食用菌的培养料，培养蝇蛆、蚯蚓作为饲料，也可用于培养酵母、噬菌体或单细胞（如荧光假单细胞菌）作为蛋白质饲料。

66. 发酵床养猪的技术要点？

（1）土壤微生物的采集　土壤微生物按好嫌气性分好气苗、嫌气菌；按菌种分酵母菌、曲霉菌、放线菌、乳酸菌等。可以在不同的季节、不同的地点采集不同的菌种，采集到的原始菌种放在室内阴凉、干燥处保存。发酵床养猪的核心技术表现在菌种功能方面，其质量优劣直接影响猪舍粪尿的降解效率，如有相关专业技术人员指导，可以自行采集微生物菌种，但难度较大。而最保险也最方便省事的办法是从专门厂商购买发酵菌种，注意选用知名品牌或厂商的优质产品。

（2）活性剂的准备　活性剂是从植物生长点内提取出来、经发酵后形成的。用作活性剂的植物要抗逆性强、耐寒性好、生命力强、生长速度快，这类植物有艾蒿、水芹菜、麦类、苜蓿等；其次是生长点生长较快的植物，它们有竹笋、瓜类等；再者以节间距离长、咀嚼有甜味的茎秆为材；在最适宜植物生长的季节采集生长繁茂的植物茎尖。采集的材料不要用水洗，直接用红糖腌制。红糖的用量要根据材料的水分含量加以调整。一般 1 千克植物用 500 克红糖拌匀后放入小口容器内并封口。环境温度在 20℃左右时，通常需要 5～7 天即成活性剂，放在避光处保存待用。活性剂主要用于调节土壤微生物的活性。特别是在土壤微生物活性降低时，可以用活性剂提高土壤微生物的活力，以加快对排泄物的降解、消化速度。目前活性剂已开发出许多的商业产品，使用时要选择适合发酵床中微生物生长的产品，并根据实际情况喷洒。

（3）有机垫料的制作　将 90％～95％的木屑、5％～10％的土、0.3％的大粒原海盐，按照这种比例混合起来，按 1 米^{2}床面加入 0.5 千克菌种，再加入一定数量的活性剂，使含水量达到 60％，充分拌匀后经过 2～4 天发酵就可以制成供发酵床使用的有机垫料，注意一定要用粗盐，因为粗盐含有丰富的矿物质，有利于微生物的繁殖，有利于木屑的分解。木屑以锯木屑最好，锯木屑具有通气性好、吸附性强、保水性适中，适于微生物生长于繁殖等特点。加入少量酒糟、谷壳等发酵也很理想。

（4）猪舍的准备　猪舍也是发酵床养猪技术成功与否的重要环节。猪舍采用符合自然原理的构造。一般要求猪舍东西走向，坐北朝南，充分采光、通风良好，南北可以敞开，北侧建自动给食槽，南侧建自动饮水器，发酵床和水泥地面面积比为 3∶1。在猪舍的一头，留宽 3 米左右的一块地方作为堆放、搅拌饲料之用。

（5）发酵床的准备　发酵床分地下式发酵床和地上式发酵床两种。根据当地的地下水位决定采取哪一种发酵床。地下式发酵床要求向地面以下深挖 90～100 厘米，填满制成的有机垫料，再将仔猪放入，猪就可以自由自在地生长了。在地下水位高的地方，可采用地上式发酵床。地上式发酵床是在地面上砌成，要求有一定深度，再填入已经制成的有机垫料即可。

（6）发酵床的日常管理　总体来讲与常规养猪的日常管理相似，但应注意：

①猪的饲养密度　单位面积饲养猪的头数过多，床的发酵状态就会降低，不能迅速降解、消化猪的粪尿；饲养头数过少，猪舍的利用率不高。一般每头猪占地 1.2～1.5 米^2。

②注意床面不能过于干燥　如过于干燥会导致猪的肺炎，可定期在床面喷洒活性剂，调节床面湿度，以保证发酵的顺利进行。

③入圈生猪事先要彻底清除体内的寄生虫。

④要密切注意土壤微生物菌的活性　发酵床内严禁使用化学药品和消毒药物，以防影响微生物的活性。必要时需加活性剂来调节土壤微生物物的活性，以保证发酵能正常进行。发现发酵床上垫料有所减少，应适时通加木屑予以补充，以确保发酵床功能的正常发挥。

⑤改变猪定点排泄的习惯，利用猪的拱翻习性，由猪担负起发酵床粪便的翻埋工作。

67. 发酵床养猪存在的问题及如何解决?

（1）猪只越夏问题　发酵床养猪可以使垫床中层温度升高到 40～60℃，垫床表层温度达到 25～30℃，冬季不加温圈舍温度也能达到 15～20℃，使猪只有良好的体感温度，能够安全越冬。而夏天，虽然良好的通风（穿堂风、气流上升）减轻体感温度，然而高温促使垫料发酵加快，温度升高，正常情况下，室内温度比室外高 1.5～3℃，显然湿热垫料不利于猪只越夏。有试验表明在猪舍四周建设 1.1～1.3 米宽的水泥地面，猪更愿意在水泥地面上休息。同时，在水泥地面上设置自动料槽比直接在垫料旁边设置料槽可减少垫料对饲料的污染。猪舍建筑要结合各地情况，根据太阳高度角计算太阳辐射范围，结合猪只生活习性确定水泥地面铺设位置和面积，加强防暑降温工作，对猪舍内环境进行控制，确保生猪安全越夏，提高养猪效益。

（2）疫病风险控制问题　发酵床养猪从诞生之日起，从业者就质疑其对疾病风险的防控能力，2～3 年不清除垫料多批次使用确实让人担心。发酵床养猪要求不能对猪舍进行消毒，生病猪必须隔离治疗。如某批猪只发生疫病，或者出现大范围的疫病流行该如何应对？虽然原则上认为通过垫料中的温度（40～60℃）可以杀灭病菌和寄生虫卵，猪只本身健康程度较高，但能否对病原菌进行彻底杀灭，目前尚缺乏权威数据。何况该法推广目标主要是以家庭为单位的适度规模猪场养殖户，其本身素质整体不高，难以保证严格按照要求进行操作，故疫病风险有待进一步评估。因此对管理规程需进一步的完善，如每批猪出栏后，用塑料薄膜覆盖发酵几天，同时对猪舍彻底消毒一次，再敞开薄膜晾晒几日，添加新垫料，接种新菌种后再入猪。

（3）垫料的组成问题　发酵床垫料主要采用锯末，需求量大，并且要求是天然的没有经过化学处理的。但是市场供应的锯末不能满足这么大的需求量，并且很大一部分锯末都被压制成三合板，另有他用，且锯末价格比较高。各地有必要对当地资源进行试验，寻找价格低廉的垫料替代物。据试验反映不同垫料效果不同，锯末优于“2/3 花生壳＋1/3 锯末”。另外，有必要对不同深度的垫料饲养效果进行全面评估，根据各地气候条件选择不同深度的不同类型的垫料。

（4）菌种问题　发酵床主要靠土壤中的微生物降解猪的粪便，但目前所使用的菌种分解效率不是很高，使得单位面积饲养的猪数有限，因此研究和开发新的分子生物技术，有目的地改造及创造新的生物功能，是开发微生物应用技术的必要前提。

68. 高温及低温对猪有何影响?

（1）高温对猪的影响　夏季普遍高温，尤其在我国南方地区，气温常在 30～35℃，湿度常高于 70%，且持续时间较长，长达 4 个月。猪是恒温动物，皮下脂肪较厚，汗腺不发达，因此，这种夏季高温高湿环境对猪的采食量、日增重、饲料利用率、母猪受胎率和产仔率、公猪的精子质量、仔猪存活率等生产繁殖性能产生很大的影响。生产中，当环境温度达到 30℃以上时，如不采取降温措施，各类猪群（除哺乳仔猪外）将会处于热应激状态，猪的健康状况和生产性能将受到很大影响；母猪不发情，受胎率和产仔数明显降低；分娩母猪表现出烦躁，采食量下降，泌乳量减少，失重较多；仔猪初生体重减轻，增重减慢，存活率低；种公猪交配和产精能力下降；育肥猪极易掉膘，生长缓慢，饲料利用率和猪日增量下降，甚至中暑死亡等。

（2）低温对猪的影响　气温下降，皮肤血管收缩，皮肤血液流量减小，皮温下降，皮温与气温之差减小，汗腺停止活动，呼吸变深，频率下降，非蒸发和蒸发散热量都显著减少，肢体蜷缩，堆集，以减少散热面积，竖毛肌收缩，被毛逆立，以增加被毛内空气缓冲层的厚度。但物理调节的效果有限，必须通过提高代谢率、增加产热量才能维持热平衡。

气温下降到临界温度以下，猪开始加强体内营养物质的氧化来增加热量的产生，表现为肌肉紧张度提高，颤抖，活动量和采食量增大。骨骼肌的颤抖在原有产热水平上提高产热量 2～3 倍。颤抖对维持深部体温的效果不大，最有效的方法还是提高深部组织的代谢率。

猪在突然受到寒冷刺激时，除颤抖产热外，肾上腺素、去甲肾上腺素分泌加强，促进糖原分解，动用脂肪组织，提高血液中葡萄糖和游离脂肪酸的含量，加强氧化过程，并引起皮肤血管收缩，皮温下降。但这种调节方法需要时间长，必须以丰富的饲料为基础，否则，猪会动用体内的储备，使体重日渐下降。在良好的饲养条件下，猪处于较低的空气温度环境中不受影响，但因热量消耗增多，生产力势必下降，单位产品所需要的饲料增多，生产成本提高，饲养周期变长。

如气温继续下降，就会影响猪的健康，引起冻伤、局部坏死。气温太低时，即使供给丰富的饲料，由于猪的采食量和消化能力有限，吃进的能量不足以弥补散失的能量，因此不得不动用体内的储备，致使猪消瘦，体质减弱，抗病力低，易患各种疾病。如果饲料不足，情况就更严重，严重的可能被冻死，造成巨大的经济损失。

69. 猪舍的通风方法有哪些？

（1）猪舍的自然通风　猪舍的自然通风是指不需要机械设备，依靠自然界的风压或热气压产生的空气流动，通过猪舍外围护结构的孔隙形成的空气交换，自然通风分无管道自然通风和有管道自然通风。在寒冷季节的封闭舍中，由于门窗紧闭，需要靠专门的通风管道进行气体交换。

①有管道自然通风的原理　自然通风的动力为风压或热压。风压指大气流动时作用于建筑物表面的压力。风压换气是当风吹响建筑物时，迎风面形成正压，背风面形成负压，气流由正压区开口流入，由负压区开口流出，形成风压作用自然通风。夏季利用自然通风降低舍温，原理在于此。

②自然通风的优缺点　自然通风系统不需专门设备，不需电力，基建费低，维修费少，简单易行，如能合理设计、安装和管理，可以收到良好效果。

自然通风系统排出污浊空气主要靠热压，在不温暖的情况下，舍内余热有限，在寒冷地区只有春、秋季有效。

（2）猪舍的机械通风　猪舍的机械通风有 3 种方式，即负压通风、正压通风和联合通风。

负压通风又称排气式通风或排风。这种通风系统是用风机抽出舍内污浊空气。由于舍内空气被抽出，变成空气稀薄的空间，压力相对小于舍外，新鲜空气通过进气口流入舍内，称为负压通风。这种通风方式简单，投资少，管理费用低，大多数猪场采用负压通风。根据风机安装位置有屋顶排风、侧壁排风、穿堂风式排风三种形式。

正压通风又称进气式通风或送风，通过风机将舍外新鲜空气强制送入舍内，使舍内压力增高，污浊空气经风口自然排出的换气方式。正压通风的优点在于可对进入的空气进行加热、冷却、过滤等处理，有利于保证猪舍的适宜温度和清洁的空气环境，适于炎热地区。正压通风的方式比较复杂，造价高，管理费用大。根据风机安装位置分侧壁送风、屋顶送风。

联合通风是一种采用机械送风和机械排风相结合的方式。大型封闭猪舍，特别是无窗猪舍，单靠风机或机械送风往往达不到应有的换气效果，要采用联合式机械通风。

根据风机安装位置又分两种方式：一种是送风机安装在猪舍纵墙较低处，将舍外新鲜空气送到猪舍下部；排风机安装在屋顶处，将舍内污浊空气抽走。这种方式有助于通风降温，适于温暖和较热地区。另一种是送风机安装在屋顶处，将舍外新鲜空气送到猪舍；排风机安装在猪舍纵墙较低处，将舍内下部污浊空气抽走。该种方式可避免在寒冷季节冷空气直接吹向猪体，也便于预热、冷却和过滤空气，对寒冷地区和炎热地区都适用。

70. 猪舍中的有害气体及其危害？

空气的化学组成在自然条件下比较稳定，主要成分是氮（78.08%）和氧（20.95%），还有少量的二氧化碳（0.03%）。

此外，还有微量的氙、氦、氖等。

猪舍内的空气受猪的呼吸以及粪尿、饲料、垫草等腐败分解产生气体影响，化学成分与大气差异较大，氮、氧和二氧化碳所占比例发生变化，增加了大气中没有或微量的成分，主要有氨、硫化氢和甲烷，还有酰胺、硫化物、二氧化硫、乙醇、粪臭素等。这些有害气体对人的健康和猪的生产性能有直接毒害作用，阻碍正常生理过程，严重时造成慢性中毒甚至急性中毒。不良的气味还会影响人的感觉、情绪和工作效率，使生产受到影响。

在敞棚、开放式或半开放式猪舍，空气的流通性大，舍内空气成分与大气差异很小，而对于封闭式猪舍，如果设计不当，使用管理不善，舍内的有害气体可能达到较高的浓度，使人和猪受到毒害。猪舍内的有害气体，最常见和危害最大的是氢和硫化氢，其次还有一氧化碳和二氧化碳等。

（1）氨气　猪舍中氨气浓度一般不应超过 20～25 毫克/千克，也就是控制在 0.002%～0.025%。氢气主要来自于粪便的分解。氨易溶于水，在猪舍中氨常被溶解或吸附于潮湿的地面、墙壁和猪体黏膜上。氨能刺激黏膜，引起黏膜充血、结膜炎、喉头水肿、肺炎、肺水肿、肺出血等；氨还能由肺泡进入血液，引起呼吸神经和中枢神经系统麻痹，导致中毒性肝病等。猪长期生活在低浓度氨的环境中，体质衰弱，抗病力降低，采食量、日增重、生殖能力均下降，这种症状称之为“慢性氨中毒”。若氨浓度较高，引起猪明显的病理反应和症状，则称为“氨中毒”。有资料报道，气温 21℃、相对湿度为 77%的环境中，0.005%（50 毫克/千克）的氨能使猪的口腔、鼻腔、泪腺的分泌量增加；0.01%（100 毫克/千克）时食欲降低，易引起各种呼吸道疾病；0.03%（300 毫克/千克）时猪呼吸变浅，出现痉挛。

（2）硫化氢　猪舍中硫化氢浓度一般不应超过 10 毫克/千克，也就是控制在 0.001%以下。

硫化氢是一种无色、易挥发的恶臭气体。在猪舍中主要由含硫有机物分解产生，密度比空气大，故越低的地方浓度越大。硫化氢主要引起结膜炎、鼻炎、气管炎、肺炎、肺水肿，经常吸入低浓度的硫化氢可引起植物性神经紊乱。渗入到血液中的硫化氢，能和氧化型细胞色素氧化酶中的三价铁结合，使酶失去活性，影响细胞的氧化过程，造成组织缺氧。高浓度的硫化氢可直接抑制呼吸中枢，引起窒息和死亡。

（3）一氧化碳　猪舍中一氧化碳的浓度一般不应超过25毫克/千克，也就是控制在0.00025%以下。一氧化碳为无色无味的气体，难溶于水，密度比空气被小。猪舍中很少有一氧化碳。冬季在密闭的猪舍中生火取暖时，若燃料燃烧不完全，会产生一定量的一氧化碳。一氧化碳通过肺泡进入血液，与血红蛋白结合，形成相对稳定的血红蛋白，使血红蛋白失去运输氧的功能，造成机体急性缺氧，发生血管和神经细胞机能障碍，出现呼吸、循环和神经系统的病变，且毒害持久。

（4）二氧化碳　猪舍中二氧化碳的浓度一般不应超过1500毫克/千克，也就是控制在0.15%。空气中的二氧化碳含量一般为0.03%，也就是300毫克/千克。

二氧化碳为无色、无味的气体，密度比空气大。猪舍中二氧化碳主要来源于猪的呼吸，比大气中二氧化碳含量要高出许多倍。二氧化碳本身无毒，但是二氧化碳浓度高的地方，氧气的含量相对较少，易造成机体缺氧，引起慢性中毒。猪长期处在缺氧的环境中会精神萎靡，食欲减退，体质下降，生产力降低，抗病力减弱。虽然二氧化碳本身不会引起猪中毒，但是它可以表明猪舍空气的污浊程度，同时表明猪舍中可能存在其他有害气体。

（5）恶臭物质　恶臭物质是指刺激人的嗅觉，使人产生厌恶感，并对人和动物产生有害作用的一类物质。猪场的恶臭来源于粪便、污水、垫料、饲料、动物尸体腐败的分解产物。猪的新鲜粪便、消化道排出的气体、皮脂腺和汗腺的分泌物、机体的外激素、解附在体表的污物等，也会散发出特有的难闻气味。

及时清除猪舍内的粪尿，尽量减少粪尿在猪舍内分解，防止猪舍外粪池中的粪尿分解产生的有害气体回流进猪舍，保持猪舍内空气干燥，进行合理的通风，就能防止有害气体的污染。建筑墙体及顶棚应保暖防潮，减少有害气体的吸附。

71. 生态养猪的基本模式有哪些？

（1）猪-沼-菜能源生态工程模式　用猪粪尿入池产生沼气，供日常生活使用，将沼渣用来种菜，沼液和部分菜叶用来喂猪。

（2）猪-鱼-粮模式　用猪粪尿排入沼气池和水沟，水沟里养鱼。猪粪便成了鱼的养料，利用沼气照明、加工饲料；沼气产生有机肥料，发展农业生产。使用沼肥，既减少粪便污染环境，也降低了农作物种植成本，更可以改良土壤，保持生态平衡。

（3）猪-沼-鱼-果、粮模式　猪粪便入沼气地产生沼气，沼液流入鱼塘，最后进入氧化塘，经净化后再排到稻田灌溉。利用沼气渣、鱼塘泥作肥料，施于果园。由于建立了多层次的生态良性循环，构成了一个立体的养殖结构，可以有效开发利用饲料资源的再循环，降低生产成本，变废为宝，减少环境污染，防止畜禽流行性疾病的发生，获取最大的经济效益。

（4）猪-沼-草模式　把猪的排泄物进入沼气池进行厌氧发酵作无害化处理，沼液抽到牧草地灌溉杂交狼尾草。养猪户把狼尾草打成草浆，按1∶1搅拌混合饲料饲喂生猪。一头商品猪从小猪25千克到100千克出售，可节约饲料成本25元左右，由于吃草的猪肉质鲜美，每头猪以高于市场价格出售，一头喂草的猪可比喂精料的猪增收55元左右。

（5）鸡、鸭-猪-沼-鱼模式　将鸡、鸭粪便发酵掺入配合饲料喂猪，或用鲜、干鸡粪喂猪，在猪栏旁建一沼气池，利用猪粪制取沼气，沼液流入鱼池养鱼，使放养的鲢、鳙产量增加50%，沼渣还可作果树、蔬菜和水杉的肥料，形成了一个布局合理、结构严密的生态农业。

（6）禽-沼-猪-鱼模式　用鸡粪便作为沼气池发酵的原料，既重复利用鸡粪中的有机物质，又净化了鸡场本身及周围的环境。所产沼气用于孵化、鸡舍保温和村民生活用能源，节约了大量的煤炭。在猪饲料中沼渣用量为 20%，再以猪粪、沼渣肥田，提高了土壤生产能力，一年可节省化肥 5 吨，粮食每公顷达12 吨。

72. 猪肉品质的安全问题有哪些？

（1）抗生素药物残留　自 20 世纪中叶发现抗生素对动物促生长作用以来，抗生素添加剂得到了广泛应用，对畜牧业的发展做出了巨大贡献。在改善动物生产性能方面，抗生素的效果是其他任何饲料添加剂无法比拟的。据估计，通过控制动物感染可提高增重 10%～15%，然而，大量、长期在饲料中使用抗生素也确实产生了令人担忧的问题：一是耐药性问题。抗生素添加剂的长期使用和滥用导致细菌产生耐药性，由于细菌数量大、繁殖快、抗药性的扩散蔓延比较普遍，而且一种细菌可以产生多种耐药性，给人类健康带来了巨大危害。二是残留问题。抗生素在猪肉中残留是饲用抗生素应用中存在的另一问题。兽药残留的直接毒害作用主要有：

①对人类胃肠道微生物的影响　国内外近年许多研究认为，有抗菌性药物添加剂残留的动物产品，可以对人类肠道的正常菌群产生不良的影响，部分敏感菌受抑制或被杀死，使得正常的微生物环境遭到破坏，有些条件性致病菌（如大肠杆菌等）可能大量繁殖，或易使体外病原菌侵入，损害人类健康。

②造成人类病原菌耐药性的增加　使用含抗生素等抗菌药物的饲料添加剂后，抗菌药物在动物产品中残留可能使人类的病原菌长期接触这些低浓度的药物。从而产生耐药性，并且细菌的耐

药基因可以在人群中的细菌、动物群中细菌和生态系统中细菌之间相互传递，由此可导致致病菌产生耐药性而引起人类和动物感染性疾病治疗的失败。

③直接导致人类疾病　有许多抗生素残留可以直接导致人体产生疾病。青霉素、链霉素、磺胺类药物在肉中残留，可使人产生过敏和变态反应；金霉素残留可对人有光敏性反应；氯霉素残留可对人造成致命的后果，引起再生障碍性贫血、粒状白细胞缺乏症、血小板减少症、肝损伤、视神经炎及幼儿灰色综合征，再生障碍性贫血死亡率达70%，即使康复，也常发生白血病；喹乙醇是一种基因毒性剂，有些证据说明喹乙醇是一种生殖腺诱变剂；呋喃唑酮及其代谢物可诱使动物及人类致癌。后三种药物我国均不允许使用，应引起足够重视。

（2）激素类饲料添加剂残留　激素类饲料添加剂，如性激素、生长激素、甲状腺激素等，都能促进动物生长发育、提高日增重，消除性臭。例如，猪生长激素（PST）主要是通过改善营养物质在体内的分配，促进蛋白质的合成，抑制脂肪的生成，进而提高增重和瘦肉率，还能促进内脏组织的氨平衡。但是激素在动物产品中的残留可使人产生急、慢性中毒，致癌作用和激素样作用。PST 的安全性问题就一直受人关注，对生长素的使用，各国都持谨慎态度。并对其安全性顾虑重重。20 世纪 70 年代，许多国家均将雌激素或同化激素用作促生长剂，现已发现其具有致癌作用，禁止作为促生长剂。激素类残留的动物产品，还会干扰人的激素功能，对人体产生激素样作用。研究表明，长期食用动物食品中的残留激素，能使男性雌化。医学界已证实，目前青少年性早熟也与畜禽食品中的激素残留有关。

（3）β-兴奋剂残留　β-兴奋剂是一类化学合成的苯乙醇胺类衍生物，易在动物组织，特别是内脏中积聚残留，并通过食物链进入人体，严重危害人类健康，20 世纪 80 年代至今，人工合成的β-兴奋剂主要有克伦特罗（ClenZbuterol，简称 CL，又称作克喘素)、卡希特罗(Chrbuterol)、息喘宁(Cimaterol)、沙丁胺醇(Salbutamol)、舒喘宁(Salenbuterol)等10余种。其中盐酸克伦特罗(瘦肉精),是最常用的一种,该物质药性强,化学性质稳定,难分解、难溶化,极易在动物产品中残留,再加上一般烹调不能使其失活,人食用含有大量“瘦肉精”的动物产品后,会出现心跳过速、血压升高、肌肉震颤、心悸、恶心、头痛和神经过敏等神经中枢中毒失控现象,严重者出现抽搐、昏厥,尤其对高血压、心脏病、糖尿病、甲亢、前列腺肥大患者危险性更大,目前欧美等国立法禁止在畜禽生产上使用β-兴奋剂,我国农业部也于1997年作出相同的规定,又于2001年4月发出《关于查处非法生产、销售和使用盐酸克伦特罗等药物的紧急通知》,加大了查处力度。但违禁使用β-兴奋剂事件仍时有发生,对消费者的健康构成严重的威胁。

(4)重金属残留　重金属类主要是指镉(Cd)、铅(Pb)、汞(Hg)及类金属砷(As)等生物毒性显著的元素。此类物质污染饲料或在饲料中添加量不当,不仅能导致猪某些代谢性疾病的发生,还会降低猪肉的质量,当人摄入过多含重金属残留的猪肉后,可引起中毒,造成肝、肾及中枢神经系统的损害。例如,砷被人吸收后,主要蓄积在肝、肾、脾、骨骼、皮肤、毛发中,与酶结合,使酶失活,导致细胞代谢紊乱。砷对人的半数致死量为1～2.5毫克,但每日摄入3毫克无机砷经2～3周即可导致成年人中毒;人食入铅残留过多的猪肉后,主要损害神经系统、造血器官和肾脏;人食入镉残留过多的猪肉后,主要损害肾小管、睾丸及附睾,并引起贫血和锌、铁、铜缺乏症。

(5)矿物质残留　日粮中添加高剂量铜可明显提高猪的生产性能,铜可提高猪食欲,同时对肠道中硫化氢等有害物质具有中和及促进排出的功效,不仅如此,养殖户为使猪只皮肤发红、粪便变黑,铜的添加量已经达到或超过猪的最小中毒剂量。由于铜在猪体内的慢性积累,造成铜的蓄积残留,如果人食入一定量的高铜残留的猪肉，使细胞内自由基增多，引起生物损伤，促使细胞癌变。急性铜中毒可引起胃肠道黏膜刺激症状，恶心、呕吐、腹泻，甚至溶血性贫血，肝功能衰竭，肾功能衰竭，休克、昏迷或死亡。慢性摄入铜过高，可引起儿童肝硬化。锌在动物体内残留虽较少，但也影响猪肉的安全性。

（6）生物污染问题　猪肉的生物污染指微生物及其代谢产物的污染。一些病原微生物，如沙门氏菌、大肠杆菌等，可以通过饲料使猪致病，影响猪肉的安全，并严重威胁到消费者的健康。霉菌污染并超过安全标准是最突出的生物污染，所产生的霉菌素不但危害猪健康，一些毒素通过残留也影响猪肉的食用安全。

自然界中的霉菌种类繁多，大多数霉菌都能引起粮食、饲料、食品等多种物质霉变。饲料中的毒菌有曲霉菌、镰刀霉菌属等，每一种菌属都包括多种霉菌。霉菌污染饲料后会分泌毒素，这些毒素对动物的健康有很大的危害，如黄曲霉毒素、烟曲霉毒素、玉米赤霉毒素、单端孢霉毒素等。残留在猪肉中的霉菌毒素对消费者来说，造成的危害也是非常严重的，甚至可以导致人的死亡。其中黄曲霉毒素（AFT）的危害最大，饲料被黄曲霉毒素污染后，会引起猪的中毒，并且在猪体内蓄积残留，人食入此种猪肉后就会引起中毒。黄曲霉毒素属于剧毒物质，其理化性质稳定，毒素不易被分解破坏，在加热到 268～269℃时才被分解，并能由一生物体内转移到另一生物体中，它是目前所有制癌物质中毒性最大、致病力最强、危害性最大的一种，它对人、家畜和家禽的健康威胁很大。肝癌流行病学研究表明，乙型肝炎病毒（HBV）慢性感染和饮食中摄入黄曲霉毒素（AFT）是中国肝细胞癌（HCC）高发的两个主要致病因素。

（7）猪病害的影响　许多传染病和寄生虫病不仅造成猪死亡和猪产品损失，影响养猪业发展，而且危及人类健康。在目前已知的 200 多种动物传染病和 150 多种寄生虫病中，至少有 160 多种可以通过畜产品传染给人，涉及病毒、细菌、支原体、寄生虫等。例如，钩端螺旋体病、流行性乙型脑炎、绦虫病和囊虫病等，除人畜共患病外，还有一些仅在猪群间传播的传染病如猪瘟等，这些疾病虽不感染人，但由于病原体在猪体内的致病作用，使猪体内蓄积了某些毒性物质，从而引起人们的食物中毒。猪肉中的微生物对人的身体健康也存在着潜在的威胁。

（8）转基因产品问题　随着生物技术的发展及在农业中的应用，转基因作物及其副产物用作饲料的比例越来越高，转基因饲料对动物健康和畜产品的安全性影响已成为人们关注的问题。

（9）肉品加工的影响　在猪肉加工生产过程中存在食品卫生意识较差，个别企业执行设施不够健全。私屠滥宰现象的存在，也给病害肉类进入市场有可乘之机，并且极易造成二次污染，对猪肉安全构成威胁。例如屠宰时的检疫不严格，用亚硝酸盐做着色剂等。虽然亚硝酸盐可以使肉色变得好看，但是，亚硝酸盐能在体内转化产生致癌的氮——亚硝基化合物，如亚硝酸盐等，危害人的健康。

（10）物理性危害　物理性危害物能在加工的任何阶段进入猪肉中，物理性危害物是指可以引起消费者疾病或损伤、在猪肉中没有被发现的外来物质或物体。物理性危害物有玻璃、金属、石头、木块、塑料和害虫残体等。

73. 生产安全猪肉的措施有哪些？

猪肉的安全涉及兽药、饲料、饲料添加剂的生产、经营，使用动物的饲养与管理，动物疾病的防治，动物的屠宰、加工、包装、储藏、运输和销售等多个环节。有一个环节把关不严，都会影响到猪肉的安全、卫生质量。因此，提高猪肉的安全、卫生质量是一个复杂的系统工程。生产安全猪肉的措施有：

（1）规范饲料工业，开发使用绿色饲料　饲料是众多病原微生物（细菌、病毒及其毒素）和寄生虫传播的重要途径，因此首先要从饲料上保证猪肉的安全。

①加快饲料安全的法制化建设步伐，完善饲料配套法规及标准化体系建设，保证执法工作做到有法可依，有章可循。开发生产饲料，要严格按照《饲料和饲料添加剂管理条例》、《兽药管理条例》和《关于查处生产经营含有违禁药品的饲料和饲料添加剂的紧急通知》来执行。

②完善饲料质量监测体系建设，保证监管工作的科学性、公正性和权威性。

③加大饲料执法力度，坚决查处饲料生产、销售和使用过程中的违法违纪行为。

④严厉查处违禁药物，严禁使用违禁药物作为饲料添加剂，对于类激素类如β-兴奋剂等应禁止添加。

⑤为防止抗生素的残留问题对人的危害，应该慎用抗生素，选用国家批准使用的种类并遵守其添加量、停药期、配伍禁忌等规定，对于一些激素类药物添加剂，如生长激素、性激素等最好不添加。

⑥严格控制饲料中的外源性污染物，防止病原微生物对饲料的污染。

⑦加速开发和应用新型绿色饲料添加剂。绿色添加剂现在主要包括酸化剂、酶制剂、微生态制剂、中草药制剂、低聚糖及植物中提取的天然物质等。用此类添加剂饲喂猪不仅能提高猪的生产性能，而且有利于生产安全猪肉。开发“绿色饲料”不仅仅是要求禁止向饲料中添加超量的兽用抗生素、微量元素和激素等，而且要求各种饲料原料本身的有毒、有害、易残留物质在规定限度以下。我国的绿色饲料生产处于刚刚起步阶段，研制开发无污染、安全、优质、营养全面的绿色饲料，应严格执行《饲料和饲料添加剂管理条例》方可生产出真正的“绿色饲料”。

（2）理顺猪肉质量安全全程监管体制　实行猪肉从生猪养殖、屠宰、加工、流通环节进行全程监管，监管对象包括饲料、兽药、包装材料、运输工具、标签等。通过全程监管，对可能会给猪肉安全构成潜在危害的风险预先加以防范，避免重要环节的缺失，并以此为基础实行问题猪肉的追溯制度。

（3）加强猪肉食品信息可追踪体系建设，保障猪肉产品质量安全　借鉴国际经验，建立健全猪肉食品信息可追踪体系。广泛全面实行猪免疫标识制度，建立信息档案。“信息档案”必须反映猪进圈、兽药、饲料使用、防疫消毒、隔离治疗、休药期、出栏、屠宰、检疫检验、冷却、销售等原始登记数据，对没有有效免疫标识的猪一律不准上市流通、屠宰和加工；出现问题的猪肉，按标识号码索查免疫档案，并追究有关责任。实践证明，在养猪业中广泛推广信息可追踪体系对于提高我国猪肉产品的质量和国际竞争实力将会起到重要作用。

（4）加快猪肉产品质量安全方面的法律法规建设　要针对当前畜产品质量安全方面法律法规少的实际，加快立法步伐，尽快形成我国食品安全法律体系，覆盖生产、加工、流通和消费各个领域。应着手制定并颁布各产品安全法规，并责成有关部门抓紧运作，在有法可依的基础上，建立并加强食品安全检测与执法机构、队伍建设，强化检测与执法工作，严厉打击违法行为，建立完善的畜产品安全工作程序。

（5）加强质量标准、认证、检测体系建设　对目前急需规范有毒有害物质残留限量及检测方法等指标，应尽快制定相应标准，修订现有标准，使其具有系统性和可操作性，满足猪肉质量安全管理的需要。应积极借鉴外国的成功经验，推行猪肉分等分级标准，实行优质优价，促进市场良性发展。要尽快建立一个既符合我国国情，又与国际接轨的畜产品质量安全标准体系和检测检验体系。

（6）加强猪防疫检疫体系建设，实施好猪保护工程，加快无规定疾病区建设　应加强猪的饲养管理、疫病防治技术体系建设，注重疫病的监测与防治，搞好猪舍的日常清洗与消毒；加强猪的屠宰加工的管理，注意猪肉加工、屠宰过程中的卫生，防止污染。要以动物保护工程项目和无规定动物疫病区建设为契机，建立一批提供优良猪种、生产“安全猪肉”、屠宰加工和销售一条龙的“安全猪肉”生产示范区。

74. 提高猪肉质量的技术措施?

养猪的目的在于为人们提供味美质优的鲜猪肉及其制品。肉和颜色不好，水分过多，脂肪变大，硬度加大，不适合消费者的口味，统称之为劣质肉。有些养猪生产者，为了盲目追求高生产水平，日粮中采用高蛋白、高能量，或者以各种低质价廉的饲料养猪，都容易产生肉质差、味不好，或软脂，或脂肪低熔点的软脂肉。

有时在集约化养猪生产中，驱赶、运输、高温、潮湿、拥挤、咬架、屠宰时电台、麻醉、防疫注射等各种应激都可使肉质变劣。为此，肉质变性、变劣，有些是长期饲养不良造成的，也有短期的环境不适造成的。

改善营养和环境条件，以消除或减少饲养管理、运输、屠宰场待宰时对猪处理过程的各种影响，是提高肉质的重要措施。

（1）去势育肥　为了减小发情对育肥速度、饲料利用率的影响，中国、日本等亚洲国家习惯将公、母猪去势后育肥。去势最适宜的时期是生后3～4周龄，过大既不好手术，又易受应激影响生长，局部不愈合，以至发炎，或造成死亡。阉猪的生长速度大于公猪和母猪，饲料利用率公猪大手阉猪，也大于母猪，而母猪优于阉猪，屠宰率阉猪比公猪好。

（2）温、湿度与光照　猪在育肥过程中，需要有适宜的温度，过冷或过热都会影响育肥效果，一般适宜的温度为15～23℃。在低温环境中，由于辐射、传导和对流的增加，体热易于失散，猪有冷的感觉。为了保持正常体温，猪只开始扎堆，弱猪在下，常被压得满身是汗，待猪只活动时，弱猪受凉而致感冒，并越来越重，使猪群经常出现落脚猪，生长发育不整齐。猪只在寒冷时，为了抗寒，增加产热，采食量增加，用于抵御寒冷，造成饲料浪费。光照对育肥猪有一定的影响，在黑暗环境中饲养育肥猪，容易造成体质衰弱，抗病能力差，以至患有慢性病，使猪长得慢，耗料多。

（3）防疫　主要预防肉猪的猪瘟、猪丹毒、猪肺疫、仔猪副伤寒、口蹄疫和病毒性痢疾等传染病，必须制定科学的免疫程序和预防接种。做到头头接种，对漏防猪和新从外地引进的猪只，应及时地补接种。新引进的猪只在隔离期间无论以前做了何种免疫注射，都应根据本场免疫程序进行接种各种传染病疫苗。

在现代化养猪生产工艺流程中，仔猪在育成期前（70 日龄以前）各种传染病疫苗均进行了接种，转入肉猪群后至出栏前无需再进行接种，但应根据地方传染病流行情况，及时采血监测各种疫病抗体的效价，防止发生意外传染病。

（4）驱虫　肉猪的寄生虫主要有蛔虫、姜片吸虫、疥螨和虱子等内、外寄生虫，通常在 90 日龄时进行第一次驱虫，必要时在 135 日龄左右进行第二次驱虫。

服用驱虫药后，应注意观察，若出现中毒时要及时解救。驱虫后排出的虫体和粪便，要及时清除发酵，以防再度感染。

网上产仔及育成的幼猪每年抽样检查是否有虫卵，如发现有则按程序进行驱虫。现代化养猪生产中对内、外寄生虫防治主要依靠监测手段，做到“预防为主”。

（5）避免黄膘肉及其他异常肉的发生　正常猪的脂肪应为白色，有些商品猪屠宰后见到脂肪呈浅黄色和黄色，这种猪肉称为黄膘肉。黄膘肉脂肪除呈黄色外，且松软不坚实，有时有异常腥味，外现很差，失去了经济价值。有黄膘的猪体况大多消瘦，食欲不好，以至眼结膜亦是淡黄色。如怀疑有黄膘肉，可用取料探针取出皮下脂肪少许，或对猪的毛囊进行镜检，可以判断是否为黄膘肉。

猪产生黄膘肉的原因有多种。一类可能系黄疸病所致，一类可能为色素所引起。黄疸病所引起的黄膘，一般是由肝胆病变所致。调查研究证明，饲喂霉烂饲料如霉烂玉米，不仅可引起脂肪变黄，甚至引起死亡。霉烂玉米中含有黄曲霉毒素，当每千克体重食入该毒素达一定量时，脂肪均呈黄色，严重者引起死亡。黄曲霉毒素中毒的猪，肝、胆均有明显病变，如肝表面呈淡黄色乃至橘黄色，肝的切面比表面黄色更深；胆囊多萎缩，其内为浓稠的黄绿色或黑色胶状胆汁。因此应禁止用霉烂饲料喂猪，如需使用，应将霉玉米去毒。去毒方法：可将霉烂的玉米粒在流水中冲洗 24 小时，去毒效果可达 75%以上，或用 0.6%～0.9%的石灰水浸泡 8 小时，去毒效果可达 90%以上，浸泡后用清水冲洗后使用。

对于色素所引起的黄膘肉，认为主要与饲料种类有关，如常喂新鲜鱼屑、大量的蚕蛹，易使脂肪变黄。使用低维生素 E 而鱼肝油高的日粮，脂肪也易呈黄色。鱼肝油中的不饱和脂肪酸具有抗维生素 E 的效能，说明维生素 E 缺乏，是脂肪变黄的又一个原因。大量饲喂南瓜，也易形成黄膘猪，此类黄脂肪虽无异常腥味，但因脂肪呈黄色，也降低了猪肉的商品价值。此外，育肥后期大量饲喂黄玉米、米糠、豆饼等，脂肪也多少带有黄色。饲料中的色素，如何引起脂肪变黄，是色素的直接积累还是色素代谢障碍，其机理尚不清楚。

黄疸性黄脂可根据其他组织变化特征与色素引起的黄脂进行鉴别。黄疸性黄脂除脂肪组织变黄外，其他如黏膜、虹膜和结膜均发黄，关节液的黄色特别明显。此外，结缔组织和皮肤也为黄色。而一般黄脂，除脂肪组织发黄外，其他组织不见黄色。

“白肌肉”也是一种异常肉，发生“白肌肉”的猪，其心脏和骨骼肌变性，肌肉变白。发病的主要原因是饲料中缺乏硒和维生素 E。因此，应多喂给富含维生素 E 的青绿饲料，在缺硒地区可按每千克体重肌肉注射 0.1～0.2 毫克亚硒酸钠，防止缺硒病。

软脂肉的脂肪里不饱和脂肪酸的含量高，熔点低，屠宰后经 24 小时冷藏保存，其体脂仍然是软而松弛的。这种猪肉容易变质，也不易切成薄片，不受消费者欢迎。软脂肉发生的主要原因是饲料配制不合理，如果在屠宰前 3 个月内大量喂给含有植物油 4%以上的饲料，如大豆、玉米、花生、油饼、米糠等，会使猪体的脂肪变软。因此，需合理配制饲料。

腐败肉则主要由于加工贮藏方法不当而引起，为此应创造良好的卫生条件，采取有效的贮藏方法和必要的预防措施。

75. 什么是 HACCP 系统？

（1）HACCP 系统的概念　HACC 系统是危害分析与关键控制点系统的英文缩写，是在食品的生产过程中保证食品安全的系统操作指南，是已被国际权威机构认可的、以预防为主的有效食品安全控制体系。HACCP 系统强调以预防为主，通过对原料、加工工艺条件、处理、贮藏、包装、销售和消费过程进行系统危害分析，确立容易发生食品安全问题的环节与关键控制点（CCP），建立与 HACCP 相对应的预防措施，将不合格的产品消灭在生产过程中，减少了产品在生产线终端被拒绝或丢弃的数量，消除了生产和销售不安全产品的风险。随着 HACCP 系统的发展与完善，它已成为巨大限度增加产品安全性的最有效的方法，是现代食品安全管理最先进的手段。近年来，在发达国家该系统已被食品生产和管理部门广泛采用。

（2）HACCP 系统的原理　HACCP 是一个全面而又科学的食品安全控制体系，它的核心是制定一套方案来预测和防止在食品生产过程中出现影响食品安全的危害，防患于未然，降低产品损耗，HACCP 由以下几个基本环节组成：

①危害分析

A. 所有原料和包装的详细情况，包括所需的贮藏条件，有关的微生物、化学与物理参数等。

B. 所有工序操作，包括任何可能发生延误的工序详细情况。

C. 所有工序阶段的温度和时间说明（温度和时间在微生物危害分析时是特别重要的，因为这是评价潜在的病原菌能否增长到危害水平的关键）。

D. 设备类型和设计特点，设备中任何滞留产品难以清除的死角。

E. 产品重新加工和回收再循环的详细情况。

F. 贮藏条件，包括地点、时间和温度。

②关键控制点的识别

A. 建立预防措施的临界范围。

B. 建立监测体系。

C. 建立校正措施。

D. 建立有效的记录及档案管理系统。一旦食品出现安全问题，容易依据记录及档案查出原因，纠正错误，同时，也容易分清安全事故的责任、减少纠纷，提高政府部门管理的效率。

一般用于 HACCP 系统中的记录类型有以下几种。

A. 原料　包括依照生产者的计划要求，供应商所提供原料质量证明文件；生产者对所提供原料质量核查记录；温度敏感原料贮藏温度记录；有储藏期限的原料贮藏时间记录。

B. 产品安全记录　建立维持产品安全性的关卡功效的数据与记录；建立产品安全货架期的数据与记录；来自知识渊博的加工专家的加工工艺方面的文件资料。

C. 加工　所有关键控制点的监测记录；加工过程持续稳定性的系统检验记录。

D. 包装　指示符合包装材料说明书要求的记录；指示符合

说明书要求的记录。

E. 储藏和销售　温度记录；温度敏感产品超过了货架期后没有发送的记录等。

③建立检验程序

检验程序的功能主要用于经常性检查 HACCP 系统是否正确运作、检验是由方法、步骤和用于测定 HACC 系统是否进遵从 HACCP 计划的试验组成。

通过检验确证所有危害物已被定义在 HACCP 计划中。检验措施包括物理、化学和感官方法及依照做生物标准进行的试验等，如 HACCP 计划的复查，关键控制点记录的复查，随机抽样和分析等。

（3）影响猪肉安全的关键点分析　猪肉应该是健康营养的食物，但是如果被毒素污染或含有药物的残留，就会对人体造成危害，保障肉食或任何食品的安全是社会责任；美国已经对食品厂立法实施了危害分析和管制重点系统（HACCP），以确保食品的安全性，我国对食品安全性的管理还不够完善，需要做的工作仍然很多，全面采用类似 HACCP 的系统，需要社会各界的共同努力。

猪肉或是任何食品的毒害、残留或污染类型大体可归纳如下：自然界的毒素、微生物污染、化学物污染、杀虫剂、药物残留、人畜共同（传染）病、腐败、寄生虫、未经核准的添加剂、混杂的异物，如针头等。

肉类遭污染或残留的途径无所不在，从饲料原料的生产、加工及制造，经家畜的饲养管理，终至屠宰作业后的储存包装加工等，都可能发生问题，甚至气候变迁亦可造成影响。整体系统的防范才能确保食肉的安全卫生。

防止猪肉遭到污染或避免残留关键点有以下几点。

①屠宰前猪体内可能残留哪些有害物质。

②毒害是如何进入活体、屠体或分切的产品的。

③受到污染或残留的几率多大，怎样防止。

④使用的原料、材料工具等，是否会被污染。

⑤作业环境会不会更滋生或聚集毒害。

⑥有无去除这些毒害的办法。

⑦是否因储存不当而增加毒性。

⑧有无安全检测方法和器材。

⑨包装方法和材料的不当使用是否会造成猪肉的污染。

⑩产品是否跟流行性的疾病有关联。

五、生猪疫病防控技术

76. 猪的主要传染病有哪些？

凡是由病原微生物引起，具有一定的潜伏期和临诊表现，并具有传染性的疾病，称为传染病。猪的传染病种类比较多，细菌性传染病主要有猪大肠杆菌病、猪沙门氏菌病、猪巴氏杆菌病、猪丹毒、猪链球菌病、副猪嗜血杆菌病、猪传染性胸膜肺炎等；病毒性传染病主要有猪瘟、猪繁殖与呼吸综合征、猪圆环病毒病、猪伪狂犬病、猪流行性腹泻、猪流感、猪口蹄疫、猪乙型脑炎和猪细小病毒病等；主要寄生虫传染病有猪球虫病、附红细胞病、猪弓形体病等。

77. 猪传染病病程的发展阶段有哪些？

猪传染性病程的发展有一定的规律性，每一种猪传染病从发生、发展至恢复，大致要经历以下几个时期：潜伏期、前驱期、症状明显期和恢复期。潜伏期指的是自病原体侵入猪体，至出现症状的这一段时间。由于病原体的种类、数量、毒力、猪体免疫力的差异，潜伏期的长短不一。前驱期指为起病慢的传染病特有的特征，如表现出猪发热、乏力、精神沉郁等。症状明显期指的是猪逐渐表现出某种传染病特有的特征，该特征与其他疾病特征相比具有特异性。恢复期指的是猪体疾病症状逐渐减轻、病理变化逐渐恢复正常，临床表现猪体温、精神状态、采食等表现逐渐恢复正常。

78. 猪传染病流行过程的基本环节有哪些？

导致传染病在猪场流行有三大环节：一是传染源，患病猪是重要的传染源，但在大多数传染病中，显性感染只占受感染者的一小部分，隐性感染猪与病原携带者在一些传染病中会成为重要的传染源。二是传播途径，是病原体离开传染源后，到达另一个易感者的途径或方式。直接接触传播和通过空气、飞沫传播是呼吸道疾病的主要传播途径。有些传染病可以经水和食物通过消化道传播。经蚊虫等叮咬，即虫媒传播，以及血液和体液等途径也是传染病的重要传播方式。三是易感动物，猪体对某种传染病免疫力低下或缺乏，不能抵御某种病原体的入侵而染病。某种传染病的易感猪群占总群体的比例越高，这种传染病越易于发生和传播，该病流行的可能性越大。

79. 猪场选择疫苗和使用疫苗过程中应注意哪些方面？

猪群免疫目的是为了消灭传染源、切断传播途径、保护易感动物，因此需要根据当地猪病发生种类和毒株流行特点选择合适的疫苗显得尤其重要。在免疫过程中需要注意以下几方面：①针头要经过严格消毒后方可使用，争取做到一猪一针头，防止交叉感染。②免疫前要提前把疫苗从冰箱中拿出来放置在室温环境中，待疫苗回温到室温再进行注射，防止疫苗过凉引起猪只出现应激反应。③给足免疫剂量，免疫时疫苗会粘在疫苗瓶上、注射器壁上，注射器排空气时会排出一些，造成免疫剂量不足，这时吸入注射器的疫苗剂量要比要求注射剂量多一点，以抵消免疫时的损耗。注射后要仔细观察，如果疫苗从针孔中流出，要及时补针，要避开皮下有硬节结的部位进行注射，防止注射后不吸收。④免疫时动作要轻缓，如果免疫后猪只出现应激反应，要及时注射肾上腺素。⑤使用后的疫苗瓶应收集到一起进行无害化处理，防止活苗中细菌、病毒扩散。⑥猪群进行活疫苗免疫后，猪场暂时不要带猪消毒。

80. 猪场如何进行消毒？

消毒是养猪场切断传染病传播、防止传染病发生和蔓延的重要手段，养猪场要重视消毒，也要科学消毒。消毒包括环境消毒、空圈消毒、带猪消毒、手术和阉割消毒、管理人员和兽医防疫人员进出猪舍消毒、器械消毒等。

环境消毒指猪场门前和场内的交通要道、大小路径和圈前圈后的消毒。猪场门前的消毒池可用2%～3%的火碱水，每隔3～4天更换一次，要始终保持池内有适量的消毒液，有条件的也可安装红外线消毒。猪场内的消毒可用2%的火碱水或0.2%～0.3%的过氧乙酸溶液进行喷雾消毒，正常情况下每月消毒两次。猪场内的各类消毒池可用2%～3%的火碱水，出入猪舍的人员必须经消毒池进行鞋底消毒。

办公及生活区消毒：正常情况下，办公室、宿舍、厨房、冰箱等必须每周消毒一次，卫生间、食堂餐厅等必须每周消毒两次。疫情暴发期间每天必须消毒1～2次。

空圈消毒：主要是要彻底清除栏圈内的一切粪尿、污水和杂物。用高压喷水枪由上至下彻底冲洗顶棚、墙壁及栏架等。待水干后用过氧乙酸、甲醛溶液或2%～3%的火碱水彻底冲洗。经过10～12小时后，再用清水彻底冲洗栏圈地面，待干燥后，再用0.2%～0.3%过氧乙酸溶液或1：800的消毒威溶液喷雾消毒。

带猪消毒：种猪、后备猪舍每周消毒一次；产房每周消毒1～2次；保育舍每周消毒1～2次；育肥舍每周消毒1次。如果发生疫情，消毒次数可适当增多。

手术消毒：手术部位首先要用清水洗净擦干，然后涂以3%的碘酊，待干后再用70%～75%的酒精消毒，待酒精干后方可实施手术，术后创口再涂3%的碘酊。断尾时，尾巴断端要涂以3%的碘酊。

阉割消毒：阉割时，切口部位使用专用70%～75%的酒精消毒，待酒精干后方可施行阉割，结束后刀口处涂以3%的碘酊。

器械消毒：手术刀、手术剪、缝合针、缝合线可用煮沸消毒或用70%～75%的酒精消毒。注射器、针头必须煮沸消毒。

兽医防疫人员出入猪舍消毒：兽医防疫人员进入猪舍必须在消毒池内进行鞋底消毒，在消毒盆内洗手消毒。出舍时要在消毒盆内洗手消毒，在一栋猪舍工作完毕后，要用消毒液浸泡的纱布擦洗注射器和提药盒的周围，进行鞋底和手消毒后方可进入另一栋猪舍。

81. 养猪生产过程中药物预防保健措施有哪些？

预防保健用药的基本原则是：采用轮换用药的方式，避免同一猪群重复使用一种抗菌药物；可采用2～3种药物配伍使用，但应注意药物间的配伍禁忌，不要随意同时使用多种药物；抗菌药物不可长期使用。

母猪产前1周或产后1周，在饲料中可添加适量的抗菌药物，如氧氟沙星、阿莫西林、林可霉素等。

在仔猪断奶、转群等阶段可在饮水中添加电解多维，在饲料中可添加荆防败毒散、替米考星、阿莫西林、氟苯尼考、强力霉素等抗生素，连续使用5～7天。

乳猪可用头孢噻呋钠或长效土霉素进行“三针”保健，防治细菌性疾病的发生。

冬季可以用氟苯尼考、替米考星等抗生素防止支原体等呼吸道疾病的发生。

夏季用磺胺类药物、强力霉素等药物防止弓形体和附红细胞体疾病的发生。

82. 如何防控猪丹毒？

猪丹毒是由猪丹毒杆菌引起的猪的一种急性热性传染病。本病一年四季均可发生，炎热多雨季节多发。病猪、带菌猪是本病的传染源。主要经消化道，损伤皮肤，吸血昆虫传播。病程多为急性败血型、亚急性疹块型和慢性型。

猪丹毒潜伏期长短不一，短的为 1 天，长的 7 天。

急性型：常见，精神不振、体温 42～43℃不退，以突然暴发，死亡高。不食、呕吐，结膜充血，粪便干硬，附有黏液，小猪后期下痢。耳、颈、背皮肤潮红、发紫。临死前腋下、股内、腹内有不规则鲜红色斑块，指压退色后而融合一起。

亚急性疹块型：病较轻，1～2 天在身体不同部位，尤其胸侧、背部、颈部至全身出现界限明显，圆形、四边形，有热感的疹块，俗称“打火印”，指压退色。疹块突出皮肤 2～3 毫米，大小 1 至数厘米，从几个到几十个不等，干枯后形成棕色痂皮。临床上可见不少病猪在发病过程中症状恶化转变为败血型而死亡，病程 1～2 周甚至更长。

慢性型：一般由急性型或亚急性型转变而来，常见关节肿大、变形、疼痛、跛行、僵直。溃疡性或椰菜样疣状赘生性心内膜炎。心律不齐、呼吸困难、贫血。

在病理变化方面，急性型猪丹毒肠黏膜发生炎性水肿，胃底、幽门部严重，小肠、十二指肠、回肠黏膜上有小出血点，体表皮肤出现红斑，淋巴结肿大、充血，脾肿大呈樱桃红色或紫红色，质松软，包膜紧张，边缘纯圆，切面外翻，脾小梁和滤泡的结构模糊。肾脏表面、切面可见针尖状出血点，肿大。心包积水，心肌炎症变化，肝充血，红棕色。肺充血肿大。疹块型：以皮肤疹块为特殊变化。慢性型猪丹毒：溃疡性心内膜炎，增生，二尖瓣上有灰白色菜花赘生物，瓣膜变厚，肺充血，肾梗塞，关节肿大，变形。

防治该病时需要做好以下几方面工作：一是要加强猪场饲养管理，对购入新猪隔离观察 21 天，对圈、用具定期消毒。二是要预防免疫，种公、母猪每年春秋两次进行猪丹毒氢氧化铝甲醛苗免疫。育肥猪 60 日龄时进行一次猪丹毒氢氧化铝甲醛苗或猪三联苗免疫一次即可。三是在发生疫情时要将病猪隔离治疗、消毒。每千克体重用 1 万单位青霉素和清开灵进行静脉注射，未发病猪用阿莫西林饮水或者拌料。

83. 如何防控猪副嗜血杆菌病？

猪副嗜血杆菌病是由猪副嗜血杆菌感染引起的一种传染病，该细菌属革兰氏阴性菌，有 15 个以上血清型，其中以 5、4、13 血清型最为常见。该病主要经过呼吸道传播。环境突然变化，营养不良、断水、断奶、转群、混群或运输应激是本病发生常见的诱因。当猪群中存在繁殖呼吸综合征、流感或地方性肺炎的情况下，该病更容易发生。临床上常见副猪嗜血杆菌作为继发病原，跟随猪瘟、猪繁殖与呼吸综合征、圆环病毒、猪流感和支原体一起发生。

猪副嗜血杆菌可以影响从 2 周龄到 4 月龄的猪只，主要在断奶前后和保育阶段发病，通常见于 5～8 周龄的猪，体温为 40.5～42.0℃、精神沉郁、食欲下降，呼吸困难，腹式呼吸，皮肤发红或苍白，耳梢发紫，眼睑皮下水肿，行走缓慢或不愿站立，腕关节、跗关节肿大，共济失调。发病率一般在 10％～15％，严重时死亡率可达 50％。慢性病例多见于保育猪，主要是食欲下降，咳嗽，呼吸困难，被毛粗乱，四肢无力或跛行，生长不良，直至衰竭而死亡。

副嗜血杆菌病猪解剖时心包炎和肺炎明显，其次关节炎、腹膜炎和脑膜炎相对少一些。以浆液性、纤维素性渗出炎症为特征。肺间质水肿、粘连，心包积液、心包膜增厚粗糙，出现“绒毛心”，腹腔积液，肝脾肿大、与腹腔粘连。腹股沟淋巴结呈大理石状，颌下淋巴结出血严重，肝脏边缘出血严重，脾脏有出血边缘隆起米粒大的血泡，肾乳头出血严重，猪脾边缘有梗死，肾可能有出血点，喉管内有大量黏液，后肢关节切开出现胶冻样物或流出黄色积液。

在防治本病过程中需要做好以下几点：一是要做好猪舍卫生，保持猪舍干燥、严格消毒。二是要加强管理，减少各种应激，在疾病流行期间有条件的猪场仔猪断奶时可暂不混群，把病猪集中隔离在同一猪舍，对断奶后保育猪“分级饲养”。注意保温和温差的变化；在猪群断奶、转群、混群或运输前后可在饮水中加入抗应激药物。三是要加强免疫，用自家苗效果最好、市场上猪副嗜血杆菌多价灭活苗也能取得较好效果。四是要对发病猪要进行隔离，用敏感的抗生素进行治疗和预防。大多数血清型的猪副嗜血杆菌对氟苯尼考、替米考星、泰乐菌素、头孢菌素、庆大霉素、硫酸卡那霉素、壮观霉素和喹诺酮类等药物敏感，重症肌内注射甚至输液。

84. 如何防控猪链球菌病？

猪链球菌病是由猪链球菌感染引起的一种传染病，该细菌是有荚膜的一种革兰氏阳性球菌。猪链球菌有 35 种血清型，大多数致病性血清型在 1～9 血清型，其中血清型 2 为最常见和毒力最强的血清型。

该病一年四季均可发生，但以 5～11 月发病较多，呈地方性流行。有皮肤损伤、蹄底磨损、去势、脐带感染等外伤病史的猪易发生该病，潜伏期1～3天或稍长，哺乳仔猪发病率和病死率较高，中猪次之，大猪较少。

根据猪链球菌病在临床上的表现，将其分为4个型：

急性败血型猪链球菌发病急、传播快。病猪突然发病，体温升高至41～43℃，精神沉郁、嗜睡、食欲废绝，流鼻水，咳嗽，眼结膜潮红、流泪，呼吸加快。多数病猪往往头晚未见任何症状，次晨已死亡。少数病猪在病的后期，于耳尖、四肢下端、背部和腹下皮肤出现广泛性充血、潮红。

脑膜炎型猪链球菌多见于70～90日龄的小猪，病初体温40～42.5℃，不食，便秘，继而出现神经症状，如磨牙、转圈、前肢爬行、四肢游泳状或昏睡等，有的后期出现呼吸困难，治疗不及时死亡率很高。

关节炎型猪链球菌由前两型转来，或者从发病起即呈现关节炎症状。表现一肢或几肢关节肿胀，疼痛，有跛行，甚至不能起立。病程2～3周。死后剖检，见关节周围肿胀、充血，滑液浑浊，重者关节软骨坏死，关节周围组织有多发性化脓灶。

化脓性淋巴结炎型猪链球菌多见于颌下淋巴结，其次是咽部和颈部淋巴结。受害淋巴结肿胀，坚硬，有热有痛，影响采食、咀嚼、吞咽和呼吸，伴有流鼻液、咳嗽。至化脓成熟，肿胀中央变软，皮肤坏死，自行破溃流脓，以后全身症状好转，局部逐渐痊愈。病程一般为3～5周。

最常见的病理变化是脑膜、淋巴结和肺脏充血。急性败血型常表现鼻、气管、肺充血呈肺炎变化；全身淋巴结肿大、出血；心包积液，心内膜出血；肾肿大、出血；胃肠黏膜充血、出血；关节囊内有胶样液体或纤维素脓性物。脑膜炎型表现脑膜充血、出血，脑脊髓白质和灰质有小出血点，脑脊液增加；心包、胸腔、腹腔有纤维性炎。关节炎型表现滑膜血管扩张和充血，出现纤维素性多浆膜炎，关节肿胀、滑膜液增多而浑浊，严重者关节软骨坏死，关节周围组织有多发性化脓灶。化脓性淋巴结炎型表现淋巴结肿大、出血。

平时要做好预防措施。一是要保持环境卫生、经常打扫猪圈内外卫生，防止猪圈和饲槽上有尖锐物体刺伤猪体。新生的仔猪，应立即无菌结扎脐带，并用碘酊消毒。二是要做好消毒工作、清除传染源病猪隔离治疗，带菌母猪尽可能淘汰。三是要做好菌苗预防接种，猪链球菌血清型较多，疫苗菌株要与地区流行的菌苗血清型一致。

治疗该病时要首先选择对猪链球菌敏感的抗菌药物。一般情况下青霉素、阿莫西林、头孢类药物、磺胺类药物对猪链球菌敏感。治疗淋巴结脓肿型链球菌时，待脓肿成熟后，及时切开，排除脓汁，用3%双氧水或0.1%高锰酸钾液冲洗后，涂以碘酊。对败血症型及脑膜脑炎型，应早发现、早治疗，大剂量使用青霉素或磺胺类药物或者多种药物联合使用。

85. 如何防控猪梭菌性肠炎？

猪梭菌性肠炎又称猪坏死性肠炎、仔猪红痢，是由C型魏氏梭菌引起新生仔猪的肠毒血症，主要发生于1～3日龄的仔猪。近年来，发现A型魏氏梭菌也可导致新生仔猪或断奶仔猪的肠道炎症。

在临床症状方面，同一猪场不同窝之间和同窝仔猪之间病程差异很大。一般发病急，排出浅红或红褐色稀粪，内含灰色坏死组织碎片。绝大多数于当天或5天内死亡，死亡率高。

本病剖检时可以看见空肠呈暗红色，肠腔内充满含血液体，肠内容物呈红褐色并混杂小气泡；肠壁黏膜下层、肌层以及肠系膜有灰色的呈串的小气泡；空肠黏膜红肿，有出血性或坏死性炎症，有的扩展到整个回肠；肠系膜淋巴结肿大或出血。

在防治该病时，平时要做好预防措施。首先要保持环境卫生、消除感染因素经常打扫猪圈内外卫生。母猪产前要做好消炎工作，保持猪舍环境干燥，舍温达到乳猪生长要求。其次做好消毒、清除传染源病猪隔离治疗，带菌母猪尽可能淘汰。污染的用具和环境用3%来苏儿液等消毒液彻底消毒。猪场发现该病后，发病猪一定要做好隔离措施，母猪和仔猪同时进行敏感抗生素治疗，及时口服补液盐，防止脱水死亡。

86. 如何防控仔猪黄白痢？

仔猪黄痢是一种急性高度致死性肠道传染病，以剧烈腹泻、排出黄色或黄白色水样粪便以及迅速脱水死亡为特征；仔猪白痢是仔猪在哺乳期内常见的腹泻病，临床上以排泄腥臭的乳白色或灰白色黏稠稀粪为特征，发病率高死亡率低。

仔猪黄痢发生于初生后1周龄以内的仔猪，仔猪白痢主要发生于10～30日龄的仔猪。病原菌由带菌母猪的粪便排出体外，污染环境，玷污母猪的皮肤和乳头，仔猪因吮乳及到处乱舔而感染。病仔猪又成为新的传染源。黄痢的窝发率和病死率高，白痢发病率和病死率有均低。应激因素，如阴雨潮湿、冷热不定、母乳不足、圈场污秽等，都可促使发病。

临床症状与病变：仔猪出生后还健康，但出生后几个小时后既发生下痢。病猪主要症状是脱水和下痢，黄痢仔猪排黄色稀粪，内含凝乳状小块，顺肛门外流。严重的精神忧郁，不吃奶，迅速脱水，昏迷而死亡。急性病例不见症状昏迷死亡。白痢仔猪排乳白色浆乳液状，糊状粪便。黄白痢的症状为小肠黏膜急性卡他性炎症，肠腔扩张，肠壁变薄，肠系膜淋巴结水肿。黄痢病猪的肝、肾常有坏死灶。

要控制住仔猪黄痢的发生，一是要做好猪舍的环境卫生和消毒工作，产房应保持清洁干燥、不蓄积污水和粪尿，注意通风换气，舍温达到乳猪生长要求。母猪临产前，要对产房进行彻底清扫、冲洗、消毒。垫上干净的垫草。母猪产仔后，把仔猪放在已消毒好的保温箱里或筐里，暂不接触母猪。待把母猪的乳头、乳房、胸腹部皮肤，用0.1%高锰酸钾擦洗干净后消毒，逐个乳头挤掉几滴奶水后，再让仔猪哺乳。二是要在发病场做好对初生仔猪“开奶”前的用药工作。就是在仔猪初生后，未让仔猪吃初乳之前，全窝逐头口服抗生素。以后每天服1次，连服3天。防止病从口入。三是要做在母猪产前15～30天免疫接种疫苗。

猪场发现该病后，发病猪一定要做好隔离措施，母猪和仔猪同时进行敏感抗生素治疗，一般情况下头孢噻呋钠、庆大霉素、卡那霉素均有效，及时补充补液盐。对出生猪可以使用微生态制剂疗法，微生态制剂有促菌生、乳康生和调痢生三种。在服用微生态制剂期间禁止服用抗菌药物。

87. 如何防控猪水肿病？

猪水肿是由致病性大肠杆菌毒素所引起的断奶仔猪以全身或局部麻痹、共济失调、头部和眼睑部水肿为主要特征的疾病。多发生于断奶后1～2周龄的猪。当仔猪断奶或在饲料改变等应激状态下，容易诱发该病。本病呈地方性流行。一般只限于个别猪群，不广泛传播。有时散发。在猪群中发病率10%～35%，但各猪群、各时期有差异。病死率高，春、秋季节多发。

在临床症状方面表现为突然发病，精神沉郁，减食，行走时四肢无力，共济失调，步态摇摆不稳，有时作转圈运动。静卧时，表现肌肉震颤，不时抽搐，四肢划动作游泳状，触动时敏感，叫声呻吟或嘶哑，继而前肢麻痹。剖检最具特征性的病变是胃壁水肿、结肠肠系膜、眼睑和面部以及颌下淋巴结水肿。大脑也有水肿。心肌瘫软，在冠状沟周围常见水肿。

根据猪的发病年龄、典型症状和病变可作出初步诊断。在防治该病时，平时要做好预防措施。首先要保持环境卫生、消除感染因素经常打扫猪圈内外卫生。其次做好消毒、清除传染源，发病猪一定要做好隔离措施。大多数大肠杆菌对头孢菌素、庆大霉素、硫酸卡那霉素及喹诺酮类等药物敏感，重症猪只肌内注射甚至输液。

88. 如何防控猪痢疾？

猪痢疾是由致病性猪痢疾蛇形螺旋体引起的一种肠道传染病。不同品种、年龄的猪都可以发病，以 1.5～4 月龄的猪多发。病猪和带菌猪是主要传染源。本病一年四季均可发生，在变换饲料、阉割、运输、拥挤及寒冷等条件下均可促进本病的发生和流行。

本病的主要症状是发生轻重不同的下痢，病程长短不一。大多数病例发病初期排出黄色至灰色的稀粪，以后粪便中带有黏液和血液及纤维块，有时粪便中带有气泡。病猪弓背，脱水消瘦，最后衰竭死亡。慢性病猪表现为时轻时重的黏液性出血性下痢，粪便呈黑色，生长发育受阻，但死亡率低。剖检主要病变在大肠。大肠肠壁充血、出血、水肿，肠黏膜肿胀并覆盖黏液、血液及纤维素样渗出物。

根据猪的发病年龄、典型症状和病变可作出初步诊断。在防治该病时，平时要做好预防措施。首先要保持环境卫生、消除感染因素经常打扫猪圈内外卫生。其次做好消毒、清除传染源，发病猪一定要做好隔离措施。

89. 如何防控仔猪副伤寒？

仔猪副伤寒又称猪沙门氏菌病，是由沙门氏菌属细菌引起仔猪的一种传染病。急性型表现为败血症，亚急性和慢性型以顽固性腹泻和回肠及大肠发生固膜性肠炎为特征。

本病多发生于 2～4 月龄仔猪，呈地方流行或散发；常见于寒冷、气候多变季节；环境污染、潮湿、圈舍拥挤、饲料和饮水供应不良、长途运输等，均可促进本病的发生。

急性型仔猪副伤寒多见于断奶前后的仔猪，体温升高，精神不振，食欲废绝。后期有下痢呼吸困难，耳根、后躯及腹下部皮肤有紫红色斑点，有时出现症状后24小时内死亡，但多数病程2～4天，病死率很高。慢性型仔猪副伤寒临诊上较多见。体温升高，精神不振，食少，生长发育不良，持续下痢，粪便呈灰白色、淡黄色或暗绿色，粥状，恶臭。病程为2～3周或更长，最后衰竭死亡。

急性型病猪呈败血症病变，全身淋巴结肿大、出血，脾肿大、质脆，心内外膜、喉头、肾及膀胱黏膜出血，肠管臌气、积液，肠壁变薄，弹性降低，出血严重。肝瘀血，有散在坏死点，脾肿大、质脆，呈紫红色。慢性型病猪的盲肠、结肠呈坏死性炎症，肠壁增厚，表面覆着一层纤维素性伪膜。肠系膜淋巴结肿大，髓样增生。肝表面散在小坏死灶。

在防治该病时，平时要做好预防措施。首先要保持环境卫生、消除感染因素经常打扫猪圈内外卫生。其次做好消毒、清除传染源，发病猪一定要做好隔离措施。沙门氏菌对头孢菌素、庆大霉素、硫酸卡那霉素及喹诺酮类等药物敏感，重症猪只肌内注射甚至输液。

90. 如何防控猪气喘病？

猪气喘病是由猪肺炎支原体性感染引起的一种慢性呼吸道传染病。本病的潜伏期较长，感染率高，死亡率低，不同品种、年龄、性别的猪均能感染。饲料质量差，猪舍拥挤、通风不良、气候骤变、寒冷阴湿、饲养管理和卫生条件不良、继发感染等原因，可使病情加重，致死率增高。

病猪和带菌猪是本病的传染源。呼吸道是本病的传染途径。

病原体随病猪咳嗽、气喘和喷嚏的分泌物排到体外，形成飞沫，经呼吸道感染健康猪。本病具有明显的季节性，以冬、春季节多见。

临床上当群猪出现阵性干咳，喘气，生长阻滞或延缓却很低的死亡率等即可怀疑是本病。解剖病变为肺的病灶与正常肺组织之间分界清楚，两侧对称而病变区大都限于尖叶、心叶、中间叶及膈叶前下部。有胰样坚实的感觉。

防控本病是坚持以下几点：一是要坚持自繁自养，尽量减少外来发病猪只的引入。如引入猪群，要严把隔离检疫关，做好相应的消毒管理。二是要结合季节变换做好小环境的控制，严格控制饲养密度，实行全进全出制度，多种化学消毒剂定期、交替消毒。三是要疫苗免疫，注射疫苗前 15 天及注射疫苗后 1 个月内不饲喂或注射对疫苗有抑制作用的药物。

在药物预防和治疗时，一般抗生素如替米考星、氟苯尼考、泰乐菌素及红霉素、恩诺沙星等药物均有治疗作用，使用时应加强联合用药、协同用药。

91. 猪场如何防控猪圆环病毒病？

猪圆环病毒病是由猪圆环病毒（PCV）引起的猪的一种多系统功能障碍性疾病，PCV 有两个血清型，即 PCV1 和 PCV2。PCV2 为致病性的病毒，表现出本身的致病性，如多系统衰竭综合征、猪皮炎/肾脏总综合征、呼吸道综合征等，同时引起猪群的免疫抑制。

猪对 PCV2 具有较强的易感性，感染猪可自鼻液、粪便等废物中排出病毒，经口腔、呼吸道途径感染不同年龄的猪。妊娠母猪感染 PCV2 后，可经胎盘垂直传播感染仔猪，精液也是另一种传播途径。在通风不良、过分拥挤、空气污浊、混养以及感染其他病原等因素时，圆环病毒与猪瘟、猪蓝耳病毒、伪狂犬病毒、肺炎支原体、多杀性巴氏杆菌、流行性腹泻病毒混合感染，死亡率明显增加。

断奶仔猪多系统衰竭综合征主要发生在5～16周龄的猪，最常见于6～8周龄的猪，极少感染乳猪。一般于断奶后2～3天或1周开始发病，急性发病猪群中，病死率可达10%。断奶仔猪多系统衰竭综合征常表现为猪只渐进性消瘦或生长迟缓，厌食、精神沉郁、行动迟缓、皮肤苍白、黄疸、被毛松乱、呼吸困难，咳嗽为特征的呼吸障碍。淋巴结异常肿胀，内脏和外周淋巴结肿大到正常体积的3～4倍，切面为均匀的白色；贫血和可视黏膜黄疸。肺部有灰褐色炎症和肿胀，呈弥漫性病变，比重增加，坚硬似橡皮样；肝脏发暗，呈浅黄到橘黄色外观，萎缩，肝小叶间结缔组织增生；肾脏水肿，苍白，被膜下有坏死灶；脾脏轻度肿大，质地如肉；胰、小肠和结肠也常有肿大及坏死病变。

该病没有很好的治疗方法，加强饲养管理、减少猪群应激、提高猪群的提高力是减少本病发生的有效方法。发生该病时可以采用以下措施进行治疗：一是采用抗菌药物如头孢噻呋钠、氟苯尼考、丁胺卡那霉素、庆大-小诺霉素等药物减少并发和继发感染；二是应用促进肾脏排泄和缓解类药物进行肾脏的恢复治疗；三是选用新型的抗病毒剂如干扰素、白细胞介导素、免疫球蛋白、转移因子等进行治疗，同时配合中草药抗病毒制剂。

92. 如何防控猪伪狂犬病？

猪伪狂犬病是由伪狂犬病毒感染引起，伪狂犬病的发生具有一定的季节性，多发生在寒冷的季节，但其他季节也有发生。在猪场，伪狂犬病毒主要通过已感染猪排毒而传给健康猪，被伪狂犬病毒污染的工作人员和器具在传播中起着重要的作用。空气传播则是伪狂犬病毒扩散的最主要途径。另外，乳汁和精液也是可能的传播方式。

新生仔猪感染伪狂犬病毒病情极严重，发病死亡率可达100%。仔猪突然发病，体温上升达41℃以上，精神极度委顿，发抖，运动不协调，痉挛，呕吐，腹泻，极少康复。断奶仔猪感染伪狂犬病毒，发病率在20%～40%，死亡率在10%～20%，主要表现为神经症状、腹泻、呕吐等。成年猪一般为隐性感染，若有症状也很轻微，易于恢复。主要表现为发热、精神沉郁，有些病猪呕吐、咳嗽，一般于4～8天内完全恢复。妊娠母猪可发生流产、产木乃伊胎儿或死胎，其中以死胎为主无论是头胎母猪还是经产母猪都发病，而且没有严格的季节性，但以寒冷季节即冬末、春初多发。公猪感染伪狂犬病毒后，表现出睾丸肿胀、萎缩，丧失种用能力。

伪狂犬病毒感染后猪眼观主要见肾脏有针尖状出血点，其他肉眼病变不明显。可见不同程度的卡他性胃炎和肠炎，中枢神经系统症状明显时，脑膜明显充血，脑脊髓液量过多，肝、脾等实质脏器常可见灰白色坏死病灶，肺充血、水肿和坏死点。子宫内感染后可发展为溶解坏死性胎盘炎。

预防本病的发生需要平时做好以下工作：保证各个阶段猪只的合理营养供给；做好清洁、消毒工作；做好密度、通风、冬天保温及夏天降温管理；全进全出及同日龄阶段饲养；每个环节设一个专用的病猪隔离场所，及时把病猪隔离出来；消灭可能的传播媒介；合理地使用疫苗，并根据抗体水平决定免疫程序。

本病尚无特效治疗药物，发生疾病时需要紧急接种，防止继发性感染。

93. 如何防控口蹄疫？

口蹄疫是由口蹄疫病毒所引起的偶蹄动物的一种急性、热性、高度接触性传染病。主要侵害偶蹄兽，偶见于人和其他动物，世界动物卫生组织（OIE）将其列为A类传染病，我国将其定为一类传染病。

本病一年四季均可以发生，但是春、秋两季较多。本病具有流行快、传播广、发病急、危害大等流行病学特点，已知口蹄疫病毒在全世界有七个主型A、O、C、南非1、南非2、南非3和亚洲1型，以及65个以上亚型。我国流行的口蹄疫主要为O、A、C三型及ZB型。病畜和潜伏期动物是最危险的传染源。口蹄疫的传播途径有多种，主要包括：直接接触传播，如易感动物与被感染动物及其排泄物直接接触；间接传播，主要通过带毒媒介物和器械传播。气源传播，口蹄疫病毒可以随发病动物呼出的气体传播。水源传播，如污染的饮水、水源等。

该病潜伏期1～7天，平均2～4天，病猪精神沉郁，闭口，流涎，开口时有吸吮声，体温可升高到40～41℃。发病1～2天后，病猪齿龈、舌面、唇内面可见到蚕豆到核桃大的水疱，涎液增多并呈白色泡沫状挂于嘴边。水疱约经一昼夜破裂，形成溃疡，这时体温会逐渐降至正常。在口腔发生水疱的同时或稍后，趾间及蹄冠的柔软皮肤上也发生水疱，也会很快破溃，然后逐渐愈合。有时在乳头皮肤上也可见到水疱。良性口蹄疫一般经一周左右即可自愈；若蹄部有病变则可延至2～3周或更久，死亡率1%～2%。有些病猪在水疱愈合过程中，病情突然恶化，全身衰弱、肌肉发抖，心跳加快、节律不齐，食欲废绝、反刍停止，行走摇摆、站立不稳，往往因心脏麻痹而突然死亡，死亡率高达25%～50%，这种病型叫恶性口蹄疫。

除口腔和蹄部病变外，还可见到食道和瘤胃黏膜有水疱和烂斑；胃肠有出血性炎症；肺呈浆液性浸润；心包内有大量混浊而黏稠的液体。恶性口蹄疫可在心肌切面上见到灰白色或淡黄色条纹与正常心肌相伴而行，如同虎皮状斑纹，俗称“虎斑心”。

发现疑似口蹄疫病例时，应立即报告畜牧兽医部门，病畜就地封锁，所用器具及污染地面立即消毒。确认后，立即进行严格封锁、隔离、消毒及防治等一系列工作。发病畜群扑杀后要无害化处理，工作人员外出要全面消毒，病畜吃剩的草料或饮水，要烧毁或深埋，以免散毒。对于位于疫区的猪场，选用与当地流行的口蹄疫毒型相同的疫苗，进行紧急接种，用量、注射方法、及注意事项须严格按疫苗说明书执行。

94. 如何防控猪瘟？

猪瘟俗称“烂肠瘟”，是由黄病毒科猪瘟病毒属的猪瘟病毒引起的一种急性、发热、接触性传染传染病。具有高度传染性和致死性。本病一年四季均可发生，在自然条件，不同年龄、性别、品种的猪均易感。病猪是主要传染源，主要通过接触，经消化道感染。

猪感染本病后，一般在36～48小时后体温升高。典型病例表现为最急性、亚急性或慢性病程。最急性型较少见，病猪体温升高，常无其他症状，1～2天内死亡。急性型最常见，体温可上升到41℃以上，食欲减退或消失，可发生眼结膜炎并有脓性分泌物，鼻腔也常流出脓性黏液，间有呕吐，有时排泄物中带血液，甚至便血。初期耳根、腹部、股内侧的皮肤常有许多点状出血或较大红点。病程一般为1～2周，最后绝大多数死亡。亚急性型常见于本病流行地区，病程可延至2～3周；有的转为慢性，常拖延1～2个月。表现黏膜苍白，眼睑有出血点。皮肤出现紫斑，病猪极度消瘦。死亡以仔猪为多，成年猪有的可以耐过。非典型病猪临诊症状不明显，呈慢性，常见于“架子猪”。剖检时急性型以出血性病变为主，常见肾皮质和膀胱黏膜中有小点出血；肠系膜淋巴结肿胀，常出现出血性肠炎，以大肠黏膜中的纽扣状溃疡为典型。

平时做好猪瘟疫苗的免疫。一旦发生该病，立即隔离病猪，封锁发病猪舍，猪场进行全面、彻底的消毒，控制人员与物品的流动。与病猪接触的同舍猪只，未出现临床症状者，用猪瘟疫苗紧急接种，同时在饲料中或饮水中添加抗生素防止其他病原继发感染。

95. 如何防控猪“蓝耳病”？

猪繁殖与呼吸障碍综合征俗称“蓝耳病”，是由猪繁殖和呼吸障碍综合征病毒引起的以妊娠母猪的繁殖障碍及各种年龄猪特别是仔猪的呼吸道疾病为特征的传染病，现已经成为规模化猪场的主要疫病之一。我国将其列为二类传染病。

本病一年四季均可以发生，各种品种、不同年龄和用途的猪均可感染，但以妊娠母猪和 1 月龄以内的仔猪最易感。患病猪和带毒猪是本病的重要传染源。主要传播途径是接触感染、空气传播和精液传播，也可通过胎盘垂直传播。持续性感染是 PRRS 流行病学的重要特征。本病的潜伏期差异较大，最短为 3 天，最长为 37 天。根据临诊症状差异，本病分为急性型、慢性型、亚临诊型。

急性型：发病母猪主要表现为精神沉郁、食欲减少或废绝、发热，出现不同程度的呼吸困难，妊娠后期母猪发生流产、早产、死胎、木乃伊胎、弱仔。部分新生仔猪表现呼吸困难，运动失调及轻瘫等症状，产后 1 周内死亡率可以达到 40%～80%。少数母猪表现为产后无乳、胎衣停滞及阴道分泌物增多。1 月龄仔猪表现出典型的呼吸道症状，呼吸困难，有时呈腹式呼吸，食欲减退或废绝，体温升高到 40℃以上，腹泻。被毛粗乱，共济失调，渐进性消瘦，眼睑水肿，耳部、体表皮肤发紫，断奶前仔猪死亡率可达 80%～100%，断奶后仔猪死亡率可达到 10%～25%。种公猪发病后精液品质下降，精子出现畸形，精液带毒。

慢性型：猪群的生产性能下降，生长缓慢，母猪群的繁殖性能下降，猪群免疫功能下降，易继发感染其他细菌性和病毒性疾病。猪群的呼吸道疾病发病率上升。

亚临诊型：感染猪不发病，表现为 PRRSV 的持续性感染。

呼吸道的病理变化为温和到严重的间质型肺炎，有时有卡他性肺炎，若有继发感染，则可出现相应的病理变化，如心包炎、胸膜炎、腹膜炎及脑膜炎等。

在防控本病的过程中，一是要坚持自繁自养的原则，建立稳定的种猪群，不轻易引种。如必须引种，坚决禁止引入阳性带毒猪，引入后必须建立适当的隔离区，做好监测工作，隔离检疫 4～5 周后健康猪方可混群饲养。二是要实现全进全出，至少要做到产房和保育两个阶段的全进全出。三是要建立健全规模化猪场的生物安全体系，定期对猪舍和环境进行消毒，保持猪舍、饲养管理用具及环境的清洁卫生。四是要做好猪群饲养管理，用好料，保证猪群的营养水平，提高猪群对其他病原微生物的抵抗力，降低继发感染的发生率。五是要做好其他疫病的免疫接种，控制好其他疫病，特别是猪瘟、猪伪狂犬和猪气喘病的控制。六是要定期对猪群中猪繁殖与呼吸综合征病毒的感染状况进行监测，每季度监测一次，如果 4 次监测抗体阳性率没有显著变化，则表明该病在猪场是稳定的。七是关于疫苗接种，总的来说目前尚无十分有效的免疫防治措施，应慎重使用活疫苗。在感染猪场，可以考虑给母猪接种灭活疫苗。

96. 如何防控“猪流行性感冒”？

猪流行性感冒是由甲型流感病毒引发猪的一种急性、传染性呼吸器官疾病。其特征为突发，咳嗽，呼吸困难，发热及迅速转归。猪流感通常暴发于猪之间，各个年龄、性别和品种的猪对本病毒都有易感性。本病的流行有明显的季节性，天气多变的秋末、早春和寒冷的冬季易发生。本病传播迅速，常呈地方性流行或大流行。本病发病率高，死亡率低。病猪和带毒猪是猪流感的传染源。

本病潜伏期很短，几小时到数天，病程 1 周左右。病猪发病初期突然发热，体温升高达 40～42℃精神不振，食欲减退或废绝，常横卧在一起，不愿活动，呼吸困难，激烈咳嗽，眼和鼻有黏性液体流出，眼结膜充血，个别病猪呼吸困难，喘气，咳嗽，呈腹式呼吸，有犬坐姿势。如果在发病期治疗不及时，则易并发支气管炎、肺炎和胸膜炎等，增加猪的病死率。

猪流感的病理变化主要在呼吸器官。鼻、咽、喉、气管和支气管的黏膜充血、肿胀，表面覆有黏稠的液体，小支气管和细支气管内充满泡沫样渗出液。胸腔、心包腔蓄积大量混有纤维素的浆液。肺脏的病变常发生于尖叶、心叶、叶间叶、膈叶的背部与基底部，与周围组织有明显的界线，颜色由红至紫，塌陷、坚实，韧度似皮革，脾脏肿大，颈部淋巴结、纵隔淋巴结、支气管淋巴结肿大多汁。

本病无有效疫苗和特效疗法，良好的护理、科学的对症治疗方案和防止继发性感染是减少该病引起损失的有效途径。加强饲养管理，提高猪群的营养需求，提高猪群抗病能力；及时做好环境卫生，保持猪舍清洁、干燥、温暖、无贼风袭击；加强消毒，切断传播途径；天气变化较大时需要提前做好防范措施一旦降温，及时取暖保温。已经发病的猪群需要隔离治疗、定期消毒，并对症治疗、防止并发或继发感染，如采取清开灵和强效阿莫西林进行注射、荆防败毒散拌料、电解多维饮水等措施。

97. 如何防控猪球虫病？

猪球虫病是一种由艾美耳属和等孢属球虫引起的所致的仔猪消化道疾病。猪球虫在宿主体内进行无性世代和有性世代两个世代繁殖，在外界环境中进行孢子生殖。

本病主要发生在仔猪，一般发生在 7～21 日龄的仔猪，主要临诊症状是腹泻，持续 4～6 天，粪便呈水样或糊状，显黄色至白色，偶尔由于潜血而呈棕色。成年猪多为带虫者，是该病的传染源。

猪球虫剖检特征是急性肠炎，局限于空肠和回肠，炎症反应较轻，仅黏膜出现浊样颗粒化，有的可见整个黏膜的严重坏死性肠炎。眼观特征是黄色纤维素坏死性伪膜松弛地附着在充血的黏膜上。乳糜的吸收随病情的严重性而变化。

预防本病最佳的办法是搞好环境卫生：搞好产房的清洁，产仔前母猪的粪便必须清除，产房应用漂白粉或氨水消毒数小时以上或熏蒸。应限制饲养人员进入产房，以防止由鞋或衣服带入卵囊；也应严防宠物进入产房，因其爪子可携带卵囊而导致卵囊在产房中散布。做好灭鼠工作，在每次分娩后应对猪圈再次消毒，以防新生仔猪感染球虫病。在球虫病发病早期，磺胺药物可以有效防控该病。

98. 如何防控猪附红细胞体病？

猪附红细胞体病是由附红细胞体感染引起的一种传染病，附红细胞体是单细胞原虫的一种。该病原常单独或呈链状附着于红细胞表面，也可游离于血浆中。

附红细胞体对宿主的选择并不严格，人、牛、猪、羊等多种动物均可感染，且感染率比较高。附红细胞体病多发生于温暖的夏季，尤其是高温高湿天气。通常情况下只发生于那些抵抗力下降的猪，分娩、过度拥挤、长途运输、恶劣的天气、饲养管理不良、更换圈舍或饲料及其他疾病感染时，猪群亦可能暴发此病。

猪附红细胞体病可发生于各龄猪，但以仔猪和长势好的架子猪死亡率较高，母猪的感染也比较严重。患病猪及隐性感染猪是重要的传染源。传播途径目前还不十分清楚。猪通过摄食血液或带血的物质，如舔食断尾的伤口、互相斗殴等可以直接传播。间接传播可通过活的媒介如疥螨、虱子、吸血昆虫（如刺蝇、蚊子、蜱等）传播。注射针头的传播也是不可忽视的因素，因为在注射治疗或免疫接种时，同窝的猪往往用一只针头注射，有可能造成附红细胞体人为传播。附红细胞体可经交配传播，也可经胎盘垂直传播。在所有的感染途径中，吸血昆虫的传播是最重要的。

猪附红细胞体病因畜种和个体体况的不同，临床症状差别很大。主要引起仔猪体质变差，贫血，肠道及呼吸道感染增加；育肥猪日增重下降，急性溶血性贫血；母猪生产性能下降等。

哺乳仔猪：5日内发病症状明显，新生仔猪出现身体皮肤潮红，精神沉郁，哺乳减少或废绝，急性死亡，一般7～10日龄多发，体温升高，眼结膜皮肤苍白或黄染，贫血症状，四肢抽搐、发抖、腹泻、粪便深黄色或黄色黏稠，有腥臭味，死亡率在20%～90%，部分很快死亡。大部仔猪临死前四肢抽搐或划地，有的角弓反张。部分治愈的仔猪会变成僵猪。

育肥猪根据病程长短不同可分为三种类型：急性型病例较少见，病程1～3天。亚急性型病猪体温升高，达39.5～42℃。病初精神委顿，食欲减退，颤抖转圈或不愿站立，离群卧地。出现便秘或腹泻，有时便秘和腹泻交替出现。病猪耳朵、颈下、胸前、腹下、四肢内侧等部位皮肤红紫，指压不褪色，成为“红皮猪”。有的病猪两后肢发生麻痹，不能站立，卧地不起。部分病畜可见耳郭、尾、四肢末端坏死。有的病猪流涎，心悸，呼吸加快，咳嗽，眼结膜发炎，病程3～7天，或死亡或转为慢性经过。慢性型患猪体温在39.5℃左右，主要表现贫血和黄疸。患猪尿呈黄色，大便干，表面带有黑褐色或鲜红色的血液。生长缓慢，出栏延迟。

母猪症状分为急性和慢性两种。急性感染的症状为持续高热（体温可高达42℃），厌食，偶有乳房和阴唇水肿，产仔后奶量少，缺乏母性。慢性感染猪呈现衰弱，黏膜苍白及黄疸，不发情或屡配不孕，如有其他疾病或营养不良，可使症状加重，甚至死亡。

主要病理变化为贫血及黄疸。皮肤及黏膜苍白，血液稀薄、色淡、不易凝固，全身性黄疸，皮下组织水肿，多数有胸水和腹水。心包积水，心外膜有出血点，心肌松弛，熟肉样，质地脆弱。肝脏肿大变性呈黄棕色，表面有黄色条纹状或灰白色坏死灶。胆囊膨胀，内部充满浓稠明胶样胆汁。脾脏肿大变软，呈暗黑色，有的脾脏有针头大至米粒大灰白（黄）色坏死结节。肾脏肿大，有微细出血点或黄色斑点，有时淋巴结水肿。

在防治方面，加强饲养管理，保持猪舍、饲养用具卫生，减少不良应激等是防止本病发生的关键。夏秋季节要经常喷洒杀虫药物，防止昆虫叮咬猪群，切断传染源。在实施诸如预防注射、断尾、打耳号、阉割等饲养管理程序时，均应更换器械、严格消毒。购入猪只应进行血液检查，防止引入病猪或隐性感染猪。本病流行季节给予预防用药，可在饲料中添加土霉素或金霉素添加剂。治疗猪附红细胞体病的药物虽有多种，但真正有特效的不多，每种药物对病程较长和症状严重的猪效果都不好。由于猪附红细胞体病常伴有其他继发感染，因此对其治疗必须附以其他对症治疗才有较好的疗效。常用的药物有血虫净（或贝尼尔）、咪唑苯脲、四环素、土霉素、新砷凡纳明等。

99. 如何防控猪弓形虫病？

猪弓形体病是由刚第弓形虫引起的一种原虫病。弓体虫病是一种人畜共患病，宿主的种类十分广泛，人和动物的感染率都很高。

本病在 5～10 月份的温暖季节发病较多；以 3～5 月龄的仔猪发病严重。我国猪弓形虫病分布十分广泛，全国各地均有报道。且各地猪的发病率和病死率均很高，发病率可高达 60%以上，病死率可高达 64%。10～50 千克的仔猪发病尤为严重。多呈急性经过。病猪突然废食，体温升高至 41℃以上，稽留 7～10

天。呼吸急促，呈腹式或犬坐式呼吸；流清鼻涕；眼内出现浆液性或脓性分泌物。常出现便秘，呈粒状粪便，外附黏液，有的患猪在发病后期腹泻，尿呈橘黄色。少数发生呕吐。患猪精神沉郁，显著衰弱。发病后数日出现神经症状，后肢麻痹。随着病情的发展，在耳翼、鼻端、下肢、股内侧、下腹等处出现紫红斑或间有小点出血。有的病猪在耳壳上形成痂皮，耳尖发生干性坏死。最后因呼吸极度困难和体温急剧下降而死亡。孕猪常发生流产或死胎。有的发生视网膜脉络膜炎，甚至失明。有的病猪耐过急性期而转为慢性，外观症状消失，仅食欲和精神稍差，最后变为僵猪。

剖检病变的主要特征为：全身淋巴结肿大，有小点坏死灶。肺高度水肿，小叶间质增宽，其内充满半透明胶冻样渗出物；气管和支气管内有大量黏液和泡沫，有的并发肺炎；脾脏肿大，棕红色；肝脏呈灰红色，散在有小点坏死；肠系膜淋巴结肿大。

猪舍内应严禁养猫并防止猫进入圈舍；严防饮水及饲料被猫粪直接或间接污染。控制或消灭鼠类。大部分消毒药对卵囊无效，但可用蒸汽或加热等方法杀灭卵囊。

防治本病多用磺胺类药物：如磺胺嘧啶钠、磺胺 6-甲氧嘧啶、磺胺 5-甲氧嘧啶、磺胺甲基异噁唑。

100. 哪些因素可以引起猪群腹泻？

引起猪群腹泻的原因很多，可以分为非传染性病原因素和传染性病原因素两部分：

非传染性病原因素：消化不良引起的腹泻，如猪采食过多、采食了饲喂发霉或有毒的饲料；代谢失调，如猪低血糖症；气温突然发生了变化引起了严重的应激，猪群长期处在低温高湿的环境中，仔猪断奶期间环境的应激都可以引起猪群腹泻。

传染性病原因素：细菌感染引起的腹泻：如大肠杆菌、梭状芽孢杆菌、猪痢疾密螺旋体、沙门氏菌等病原感染；病毒感染引起的腹泻：如传染性胃肠炎，轮状病毒、流行性腹泻病毒等感染；寄生虫感染引起的腹泻，猪等孢球虫、类圆线虫、猪毛首线虫等感染都可引起猪群腹泻。

参考文献

王林云．2007. 现代中国养猪［M］．北京：金盾出版社．

王爱国．2003. 现代实用养猪技术［M］．北京：中国农业出版社．

王家乡，李鹏．2010. 现代化养猪及猪病防治［M］．北京：中国农业出版社．

李同洲．2003. 优质猪肉生产技术［M］．北京：中国农业出版社．

王永强，魏刚才．2011. 发酵床养猪新技术［M］．北京：化学工业出版社．

杨公社．2002. 猪生产学［M］．北京：中国农业出版社．

杨子森，郝瑞荣，高俊杰，等．2008. 现代养猪大全［M］．北京：中国农业出版社．

潘琦．2008. 科学养猪大全［M］．合肥：安徽科学技术出版社．

朱兴贵．2013. 实用养猪技术［M］．北京：化学工业出版社．

李长强，李童，闫益波．2013. 生猪标准化规模养殖技术［M］．北京：中国农业科学技术出版社．

李永志，蔡洪斌．2013. 现代生猪高效益养殖技术［M］．北京：化学工业出版社．

苏振环．2008. 母猪科学饲养技术［M］．北京：金盾出版社．

高振川，张军民，萨仁娜．2010. 猪饲料添加剂安全使用［M］．北京：金盾出版社．

张丽英．2007. 饲料分析及饲料质量检测技术（第三版）［M］．北京：中国农业大学出版社．

杨在宾，李祥明．2004. 猪的营养与饲料［M］．北京：中国农业大学出版社．

芦春莲，曹洪战．2010. 猪养殖技术问答［M］．北京：金盾出版社．

李千军．2010. 瘦肉型猪标准化饲养［M］．天津：天津科技翻译出版社．

边连全．2010. 猪饲养技术［M］．沈阳：东北大学出版社．
高在争，张曦．2009. 猪营养代谢调控技术［M］．北京：中国农业科学技术出版社．
郭艳丽，王克健．2009. 怎样应用猪饲养标准与常用饲料成分表［M］．北京：金盾出版社．
印遇龙．2010. 仔猪营养学［M］．北京：中国农业出版社．
赵慧艳，梁荣喜．2011. 夏季哺乳母猪的饲养与管理［J］．中国猪业，(5)：52-53.
杜晓燕．2013. 猪应激综合征防治的措施［J］．养殖技术顾问，(7)．
丁君云．2013. 猪应激综合征及综合预防措施［J］．中国畜牧兽医文摘，(3)．
刘国华，张连科，尼玉龙．2014. 猪互相咬尾（耳）的原因与防控［J］．养殖技术顾问，(7)．
陈关勇，郭莹莹，刘慧锋．2014. 猪群咬尾症的病因与预防［J］．养殖技术顾问，(5)：
张立宪．2011. 猪场母猪肢蹄病发生的原因及预防［J］．上海畜牧兽医通讯，(6)
崔炳灿，卜三平．2014. 谈种猪蹄裂病的防治［J］．黑龙江畜牧兽医，(10)
苏泽明，万熙卿，卢惟本．2006. 向生长猪饲料中的“高铜”说“不”[J]. 养殖与饲料，(10)
占今舜，胡金杰，张彬．2012. 功能性多糖的生物学功能及在生猪生产中的应用［J］．中国猪业，(5)
张建刚，侯玉洁，周美玲．2013. 植酸酶在养殖生产中的应用研究进展[J]. 养猪，(3)
董榕．2014. 植酸酶在养猪业中应用研究进展［J］．中国畜牧兽医文摘，(9)
蔡宝祥．2001. 家畜传染病学（第四版）［M］．北京：中国农业出版社．
赵德明，张仲秋，沈建忠，等译．2000. 猪病学（第二版）［M］．北京：中国农业大学出版社．
汪明．2003. 兽医寄生虫学［M］．北京：中国农业出版社．

图书在版编目（CIP）数据

生猪健康养殖技术100问/殷裕斌等编著．—北京：中国农业出版社，2015.8（2017.3重印）
（新农村建设百问系列丛书）
ISBN 978-7-109-20848-3

Ⅰ.①生…　Ⅱ.①殷…　Ⅲ.①养猪学—问题解答
Ⅳ.①S828-44

中国版本图书馆CIP数据核字（2015）第201014号

中国农业出版社出版
（北京市朝阳区麦子店街18号楼）
（邮政编码100125）
责任编辑　肖　邦

中国农业出版社印刷厂印刷　　新华书店北京发行所发行
2015年8月第1版　　2017年3月北京第3次印刷

开本：850mm×1168mm 1/32　　印张：7.625
字数：185千字
定价：30.00元